中小学人工智能普及教育丛书

学编程做项目

——解锁Scratch3.0

管雪沨　张芳菲　王伟　顾娉婷　高鹰　编著

清华大学出版社
北京

内容简介

本书共分为动画与编程、数据与变量、结构与函数、对象与交互四个单元。第1单元利用Scratch编程工具实现基本的动画制作，在此基础上进行简单的程序设计，以“小蝌蚪找妈妈”这一故事情节为主线开展项目活动，引导读者体验利用Scratch制作动画的过程和乐趣，激发他们的创造力。第2单元借助Scratch编程认识数据世界，以“口算达人”为主题开展项目活动，引导读者初步理解数据、变量、大数据三者之间的关系，体验数据的存储、处理、统计和应用价值。第3单元探索程序设计的一些技巧，以“程序绘画”为主题开展项目活动，引导读者认识结构与函数，理解函数、多功能函数与多重循环三者之间的关系，体验程序结构的魅力和函数的作用与价值。第4单元通过制作一个小游戏，引导读者了解程序中的对象和交互，以及对象的种类、交互的方式和目的，感知交互设计在程序中的作用。

本书适合有意了解和学习人工智能的中小学生进行自主学习，也适合少儿编程培训机构作为课程设计的参考读物。

图书在版编目(CIP)数据

学编程做项目：解锁Scratch3.0/管雪沨等编著. —北京：清华大学出版社，2021.11
(中小学人工智能普及教育丛书)
ISBN 978-7-302-59139-9

Ⅰ.①学… Ⅱ.①管… Ⅲ.①程序设计—中小学—教材 Ⅳ.①TP311.1

中国版本图书馆CIP数据核字(2021)第182821号

责任编辑：赵轶华
封面设计：何凤霞
责任校对：刘 静
责任印制：沈 露

出版发行：清华大学出版社
网 址：http://www.tup.com.cn，http://www.wqbook.com
地 址：北京清华大学学研大厦A座 **邮 编**：100084
社 总 机：010-62770175 **邮 购**：010-62786544
投稿与读者服务：010-62776969，c-service@tup.tsinghua.edu.cn
质量反馈：010-62772015，zhiliang@tup.tsinghua.edu.cn
印 装 者：三河市龙大印装有限公司
经 销：全国新华书店
开 本：185mm×260mm **印 张**：7.5 **字 数**：138千字
版 次：2022年1月第1版 **印 次**：2022年1月第1次印刷
定 价：48.00元

产品编号：094506-01

丛书编委会

前　言

人工智能是研究、开发用于模拟、延伸、扩展人的智能的理论、方法、技术及应用系统的新兴技术科学。当前,人工智能的发展水平已经成为世界各国科技竞争力的重要标志。随着大数据、云计算、互联网、5G 等信息技术的发展,人工智能技术实现了从“不能用”“不好用”到“可以用”的技术突破,各国之间人工智能技术的竞赛已经拉开帷幕,发展人工智能上升为各个国家的战略,美国、英国、日本、韩国、欧盟等早已开始布局不同阶段人工智能人才的培养。近几年来,我国在基础教育领域开展的人工智能教育研究非常丰富。

2017 年,国务院印发《新一代人工智能发展规划》(以下简称《规划》),提出了面向 2030 年我国新一代人工智能发展的指导思想、战略目标、重点任务和保障措施,部署构筑我国人工智能发展的先发优势,加快建设创新型国家和世界科技强国。《规划》中提出 :“实施全民智能教育项目,在中小学阶段设置人工智能相关课程,逐步推广编程教育,鼓励社会力量参与寓教于乐的编程教学软件、游戏的开发和推广。”

《普通高中信息技术课程标准(2017 年版)》(以下简称新课标)对高中信息技术学科核心素养提出了明确的界定和要求,其包括信息意识、计算思维、数字化学习与创新、信息社会责任四个方面,课程设置中新增了“人工智能初步”及其他一些基础知识。

人工智能已经悄然出现在人们生活的方方面面。可以说,人工智能正在改变人们的生活、工作,改变整个时代。处在这样一个信息时代，学生在实际生活中已经或多或少地接触了人工智能的相关应用，他们能够区分这些不同的技术吗？他们知道人工智能到底是什么吗？他们了解人工智能包括哪些内容，人工智能有哪些特点吗？

基于此，我们编写了这套“中小学人工智能普及教育丛书”。本套丛书从项目式图形化编程、基于 AI 平台的 AI 工具创编、项目式开源硬件等多维度全面介绍人工智能，让学生逐渐掌握人工智能的基本知识和技能，并能自己创编一个人工智能工具，提升学生的信息核心素养和人工智能素养。

基于新课标对信息核心素养的解读，基于大数据、人工智能环境下的新变革，基于学科育人的要求，本书编写人员以项目式介绍图形化编程，从单元名称可以看出我们对信息学科图形化编程背后核心概念的提炼，从项目名称可以看出我们对项目式学习学科育人的追求。

本书作为“中小学人工智能普及教育丛书”之一，主要介绍了图形化编程的基础知识，可供有意了解和学习人工智能的中小学生进行自主学习。相信通过本书项目式内容的学习，以及指向核心素养的重点知识的介绍，如数据与变量、结构与函数、对象与交互等，能够让中小学生在图形化编程的项目式学习中获得编程的启蒙，为将来学习其他编程语言及学习人工智能、创编人工智能工具奠定坚实的基础。

本书从构思策划到编写完善，历时近两年，凝聚了编写组对工作室研究方向的把握，凝聚了团队的教育智慧和教育坚守。在分析、研究、编写及成果提炼的过程中，感谢江苏省管雪沨网络名师工作室的各位成员怀揣理想、创新合作、呕心沥血，践行了新时代教师不断向上、奋发图强、精益求精的教育理念和教育情怀。在此对所有编委、参与编写及校对的全体人员致以真挚的敬意。

管雪沨

2021 年 7 月

目　　录

配套资源下载

第1单元　动画与编程

Scratch是一款由麻省理工学院设计开发的少儿编程工具。其特点是构成程序的命令和参数通过积木形状的模块来实现，使用者可以不认识汉字或者英文单词，也可以不会使用键盘，用鼠标拖动模块到脚本区就可以进行编程。只要用鼠标选择和拖曳多个不同功能的控件，并把不同的控件按照一定的逻辑关系拼搭在一起，就可以搭建出一个可以运行的程序，从而创建出各种交互式动画、故事、游戏、音乐和美术作品等。

Scratch能够与数学、语文、英语等众多学科融合在一起，对青少年的学习有着非常大的帮助。通过Scratch不仅能够接触数学中的算术运算、关系运算和逻辑运算，还能接触平面直角坐标系、绝对值、平方根、三角函数等初等数学知识。用Scratch编写复杂的游戏时，需要运用一些数学知识来设计游戏的算法。在游戏的驱动下，这些数学知识变得不再枯燥乏味，能够激发学生自主学习的意识，培养他们的创新能力。

Scratch可以帮助孩子们将创意变成一个个有趣的作品，是目前流行的STEAM教育理念的一个非常好的实践方法。今天就让我们一起来感知运用Scratch制作动画带给我们的便捷。

本单元利用Scratch编程工具实现基本的动画制作，在此基础上进行简单的程序设计，以“小蝌蚪找妈妈”这一故事情节为主线开展项目活动，引导读者理解“广播消息”与“广播消息并等待”的区别，体验利用Scratch制作动画的过程和乐趣，激发他们的创造力。

项　　目：小蝌蚪找妈妈

项目目标

本单元应用媒体设计中的“动画与编程”，完成媒体设计作品“小蝌蚪”，如图 1-1 所示。在学习的过程中，要能够了解动画的概念；在制作动画的过程中，要能够进行简单的编程，了解广播消息和接收消息的含义，并能理解“广播消息”与“广播消息并等待”的区别。

图　1-1

项目过程（见表 1-1）

表　1-1

设计思考	根据小蝌蚪成长的科学规律，设计动画情境，用 Scratch 编程实现动画
项目准备	观看与小蝌蚪相关的动画，安装 Scratch 软件
制作作品	认识 Scratch，会设计情境、绘制角色、设置舞台，通过编程制作简单的动画
改进优化	提出实现动画情节引人入胜、造型生动活泼、舞台布局精美的新方法
交流分享	开展作品交流与评价，分享制作作品的经验

项目总结

完成本单元项目后，各小组提交项目学习成果，开展作品交流与分享，体验小组合作、项目学习和知识分享的过程，知道动画的制作过程和方法，体会动画的价值与教育意义。感知计算机制作动画的优点，在此基础上体验数字化创新与学习的过程。

1.1　动画

项目情境

小清

用什么方法可以制作一个动画呢？

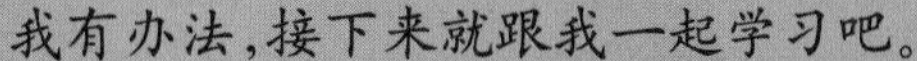

小华

知识介绍

动画

动画是一种综合艺术，它是集合了绘画、漫画、电影、数字媒体、摄影、音乐、文学等众多艺术门类的一种表现形式，动画的制作方式有很多，现在的动画制作主要使用计算机来完成。

体验探索

1. 欣赏动画

用 Scratch 软件播放小猫自我介绍的动画。

第 1 步：启动 Scratch。

双击桌面上的 Scratch 快捷方式，运行软件。

第 2 步：打开动画。

单击“文件”菜单中的“从电脑中上传”命令，在弹出的对话框中选择“自我介绍”，如图 1-2 所示。

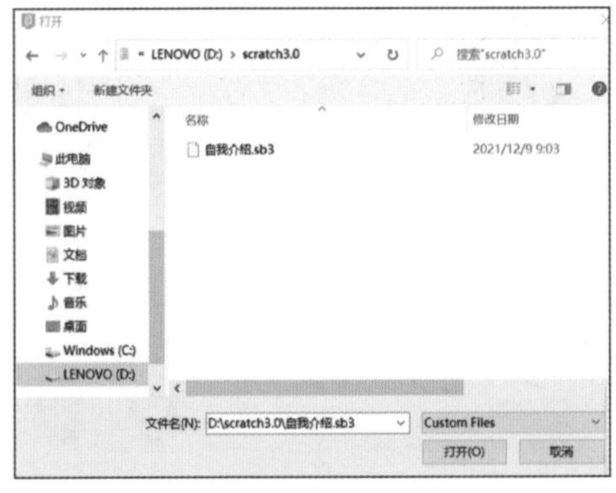

图　1-2

打开“自我介绍”，如图 1-3 所示。

图　1-3

第 3 步：观察动画的展示方式。

Scratch 中动画的展示方式分为小舞台方式和大舞台方式。

在 Scratch 界面的右侧就是 Scratch 小舞台，单击绿旗即可运行，如图 1-4 所示。

图　1-4

单击小舞台右上方的“全屏模式”按钮，动画展示变成大舞台方式，如图 1-5 所示。

图　1-5

2. 初步认识 Scratch

Scratch 软件的界面如图 1-6 所示。

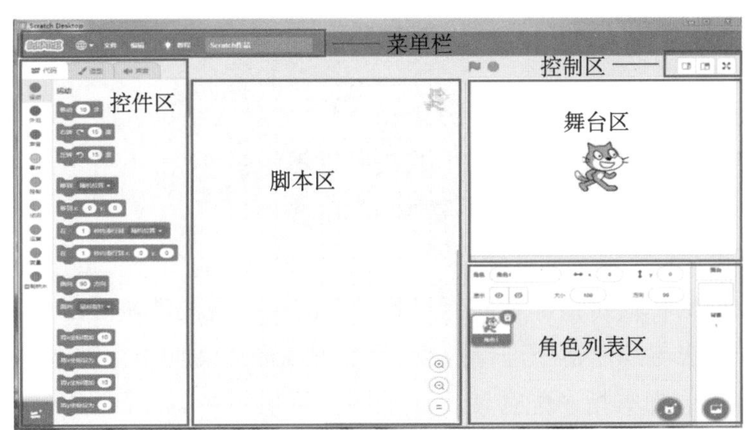

图　1-6

(1) 菜单栏

菜单栏包含与文件有关的功能选项，如“文件”“编辑”“教程”等。

(2) 控制区

可以通过控制区对舞台的展示区域进行设置。控制区有 3 个舞台显示方式按钮，可以设置舞台显示的位置以及是否全屏显示。

(3) 控件区

控件区是 Scratch 提供的各种程序模块所在的区域，共分为 9 个功能模块，每个功能模块都有对应的控件。选择不同的模块,可以看到不同模块下的积木指令块。

(4) 脚本区

脚本区是将程序模块中的控件拖动、组合来控制角色的区域,用于搭建角色的脚本。

(5) 角色列表区

角色列表区显示了当前作品的所有角色,包含舞台和角色。

(6) 舞台区

舞台区位于 Scratch 编辑器的右上角,所有角色将按照自己的脚本进行活动,并显示舞台上当前角色的所在位置。

3. 认识控件模块

(1) 事件驱动类控件

事件驱动类控件能够接收一个特定的事件,使一些脚本被执行,如“当绿旗被点击”“当按下空格键”“当角色被点击”“当背景换成……”等控件。这些控件的下端一般都有凸口,表示可以和下面的指令相连接。例如,当按下“绿旗”按钮时,就会触动“当绿旗被点击”事件,执行以这个脚本开始的指令;当按下空格键或舞台上的角色被单击或背景换成指定背景时,所产生的事件就会被后面的积木接收,并触发以它们开始的脚本指令。

(2) 堆叠类控件

堆叠类控件的特征是顶部有个凹口,表示这类指令可以拼接在其他指令的凸起位置,如“等待 1 秒”“移动 10 步”“重复执行”等控件。

(3) 嵌套类控件

嵌套类控件的特征是顶部和底部都是平直的,左、右两端是圆角或者尖角。没有凹凸口意味着无法与其他指令进行拼接,但是可以嵌入其他指令脚本中。因此,嵌套类控件需要与其他脚本指令配合使用才能拼接到脚本中,如“碰到……”指令或运算指令等。

苏老师

若两个控件相互靠近,出现白色高亮提示,说明当前两个控件可以形成有效的链接。六边形的控件需要嵌套到六边形的凹槽内,圆角矩形的控件需要嵌套到圆角矩形的凹槽内。

(4) 结束类控件

结束类控件的底部是平直的,表示这类控件之后无法拼接其他脚本,意味着这个程序执行到当前脚本为止,如“停止全部脚本”“删除此克隆体”等控件。

4. 保存作品

单击“文件”菜单，选择“保存到电脑”命令，在弹出的“另存为”对话框中选择保存路径，输入文件名，单击“保存”按钮即可，如图 1-7 所示。

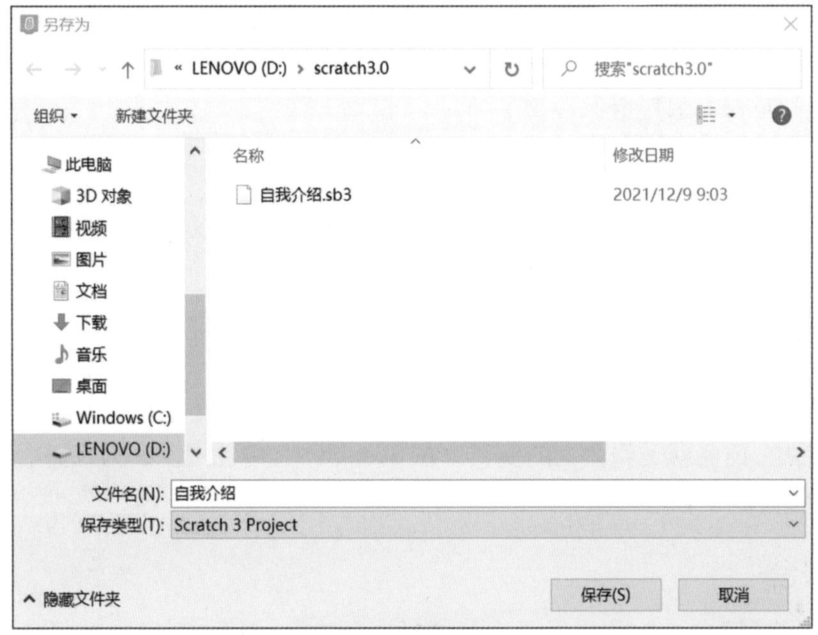

图　1-7

交流与分享

（1）你了解动画了吗？

（2）动画是如何产生的？

（3）简要介绍 Scratch 软件。

本节学习的控件如表 1-2 所示。

表　1-2

控件类别	功　　能
事件驱动类控件	能够接收一个特定的事件而使一些脚本被执行
堆叠类控件	顶部有个凹口，表示这类指令可以拼接在其他指令的凸起位置
嵌套类控件	顶部和底部都是平直的，左、右两端是圆角或者尖角
结束类控件	底部是平直的，表示这类控件之后无法拼接其他脚本，意味着一个程序的结束或者整个项目的结束

1.2 角色与舞台

项目情境

现在我们可以做动画了吗?

不着急,我们先来认识角色和舞台吧!

知识介绍

1. 角色

在生活中,角色就是舞台上的演员。在 Scratch 中,角色可以认为是舞台中的演员,是舞台中执行脚本的对象。

2. 舞台

在生活中,舞台为角色提供了表演的场所。在 Scratch 中,舞台是角色进行移动、绘画、交互的场所,是一切的背景和角色呈现的区域,也是作品最终运行效果的呈现区域。

3. 制作动画的流程

在 Scratch 中,要想制作精美的动画,首先要创作好的剧本,然后根据剧本情节选取合适的角色、搭建合适的舞台、编排动作。

体验探索

1. 新建角色

新建角色的方式一般有 4 种,分别是从角色库中选择一个角色、绘制角色、上传角色、随机产生角色,如图 1-8 所示。

(1) 选择一个角色：单击“选择一个角色”按钮,进入角色库,按照不同的分类可以快速地找到角色。

(2) 绘制角色：单击“绘制角色”按钮,打开“造型”选项卡,可以通过内置的绘画编辑器,手绘一个新角色或对现有的角色进行更改。

(3) 随机产生角色:单击“随机产生角色”按钮,将随机产生一个角色库中的角色。

（4）上传角色：单击“上传角色”按钮，可以上传本地的一些素材。

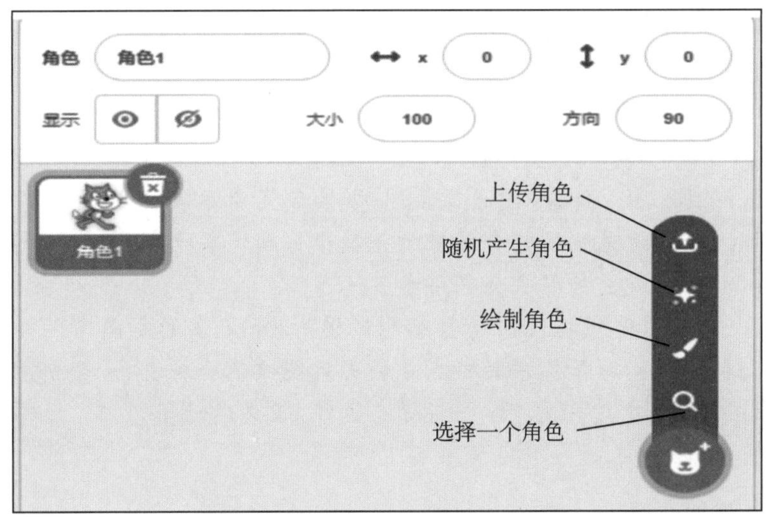

图　1-8

第 1 步：绘制小蝌蚪。

单击“绘制角色”按钮，打开内置的绘图编辑器，选用“圆”和“线段”工具画出小蝌蚪的轮廓，选用“变形”工具调整小蝌蚪尾巴摇摆的状态。如果画得不满意，可以通过“撤销”和“恢复”按钮进行撤销或恢复操作，如图 1-9 所示。

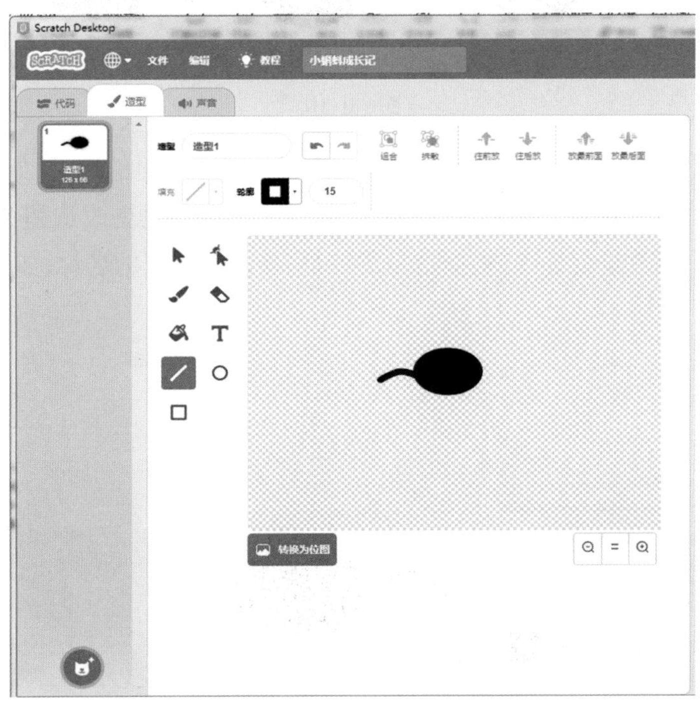

图　1-9

Scratch 提供了两种绘图模式——矢量模式和位图模式，可以单击“转换为矢量图”按钮进行切换。

苏老师

位图又称为点阵图或像素图，是由像素所组成的点阵图像。当放大位图时，可以看见构成整个图像的无数个方块。扩大位图尺寸的效果是增大单个像素，线条和形状会显得参差不齐。

矢量图是根据几何特性绘制的图形，所记录的是图像的几何形状、线条、粗细和色彩等。它的特点是放大后图像不会失真，和分辨率无关，适用于图形设计、文字设计和一些标志设计、版式设计等。

第 2 步：添加造型。

在舞台上表演的演员，都会有不同的动作，在 Scratch 中每个角色可以用多个造型来呈现，利用这个特点可以实现同一个角色的不同动作。如图 1-10 所示，小蝌蚪可以通过切换造型不断长大。

图 1-10

在“控件区”单击“造型”标签，利用绘画工具绘制小蝌蚪的造型，如图 1-11 所示。

右击“造型 1”，选择“复制”命令，在造型 1 的基础上更改造型 2，以此类推，小蝌蚪的前 3 个造型就绘制好了，根据造型的特征，修改为相应的名称，如图 1-12 所示。

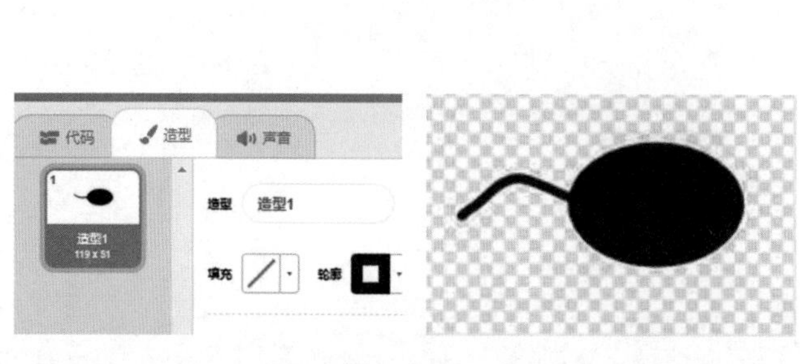

图 1-11

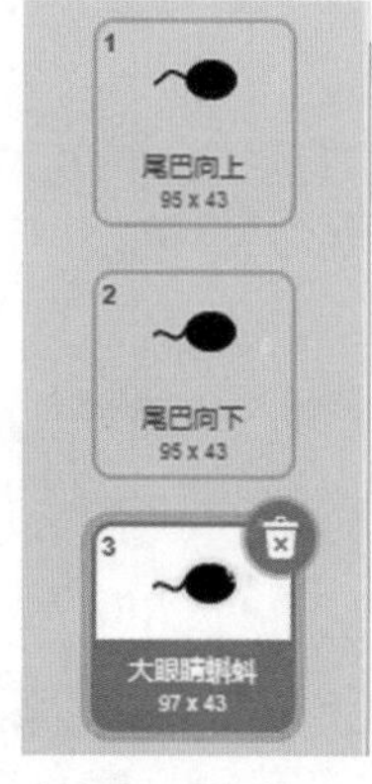

图 1-12

小贴士

在造型右边的文本框中可以更改角色造型的名字，对造型进行重命名，如图 1-13 所示。

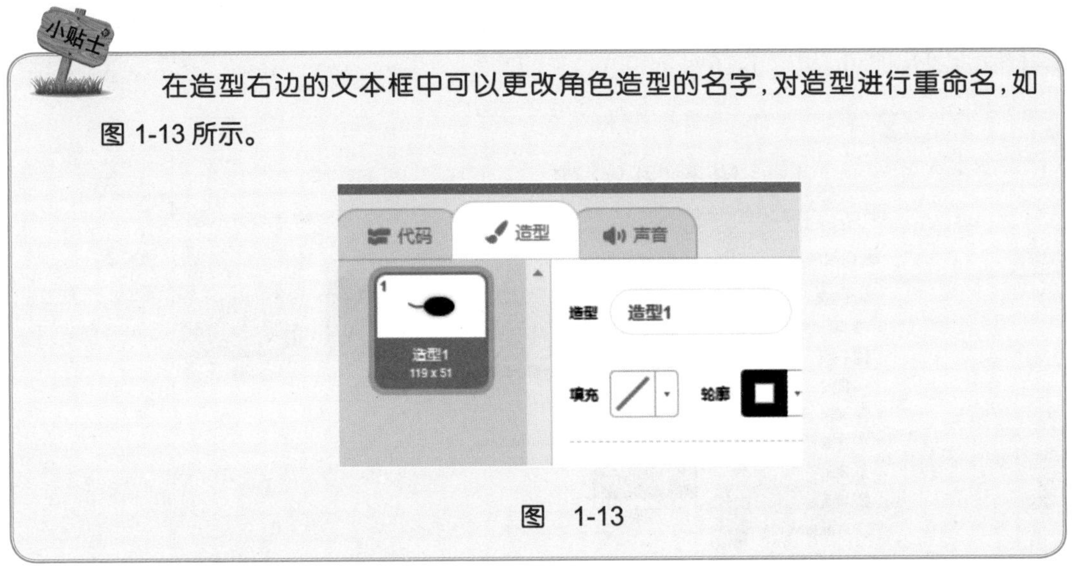

图　1-13

我们也可以通过上传造型的方式来增加小蝌蚪的其他造型。单击“上传造型”按钮，依次上传余下的几个造型，如图 1-14 所示。

2. 舞台背景

在创作作品之前，要根据需要选择合适的背景，并根据角色的需要进行切换。新建背景的方法与新建角色的方法类似，也包括从背景库中选择一个背景、上传背景、随机产生背景、绘制背景这四种方法。

（1）选择一个背景：单击舞台右下方的“选择一个背景”按钮，弹出背景编辑区，选择需要的背景，如图 1-15 所示。

图　1-14

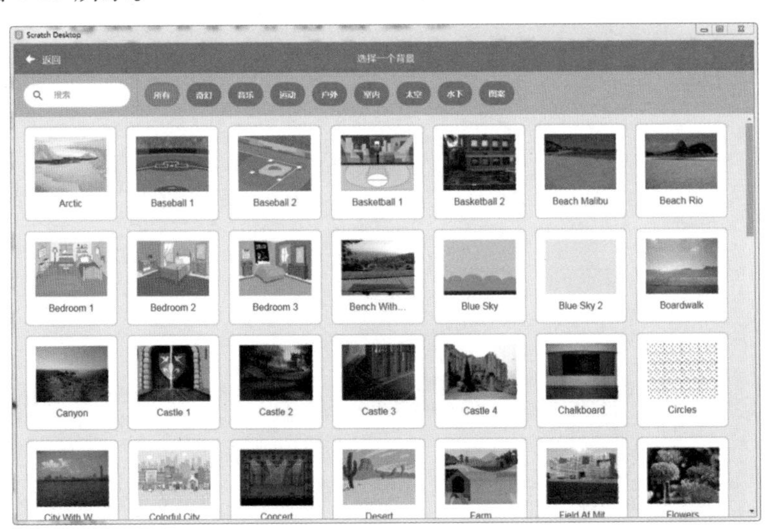

图　1-15

（2）上传背景：单击“上传背景”按钮，弹出从本地上传背景的对话框，选择需要上传的图片即可，如图 1-16 所示。

图 1-16

（3）绘制背景：单击“绘制背景”按钮，打开“背景”选项卡，如图 1-17 所示。

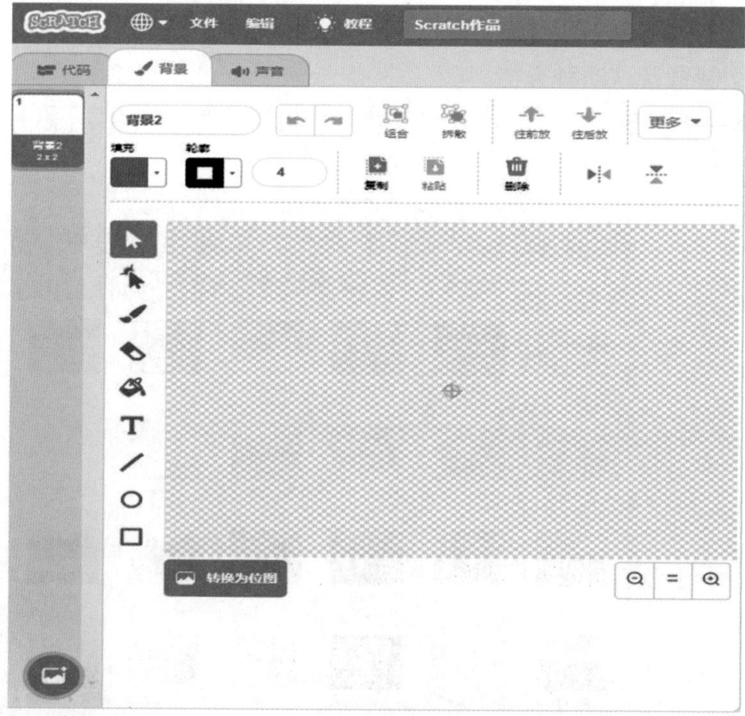

图 1-17

单击“矩形”工具，选择好要填充的颜色，在舞台上绘制一个矩形，如图 1-18 所示。

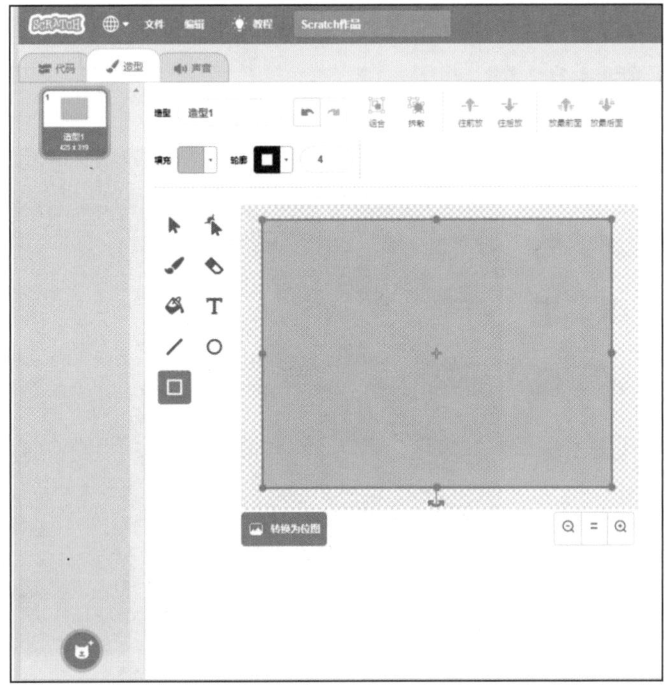

图 1-18

（4）在背景中输入文字：选择“文本”工具，设置好文字的颜色，单击背景，输入“完”字，并对“完”字进行文字大小的调整，通过“填充”和“轮廓”下拉列表对文字的格式进行设置，如图 1-19 所示。

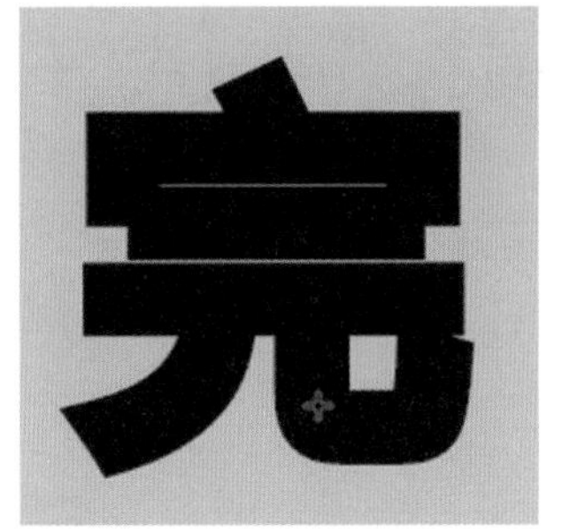

图 1-19

可以根据需要更改背景图的名字，如图 1-20 所示。

小贴士

舞台拥有自己的脚本、造型、声音，舞台的“背景”选项卡等同于角色的“造型”选项卡。

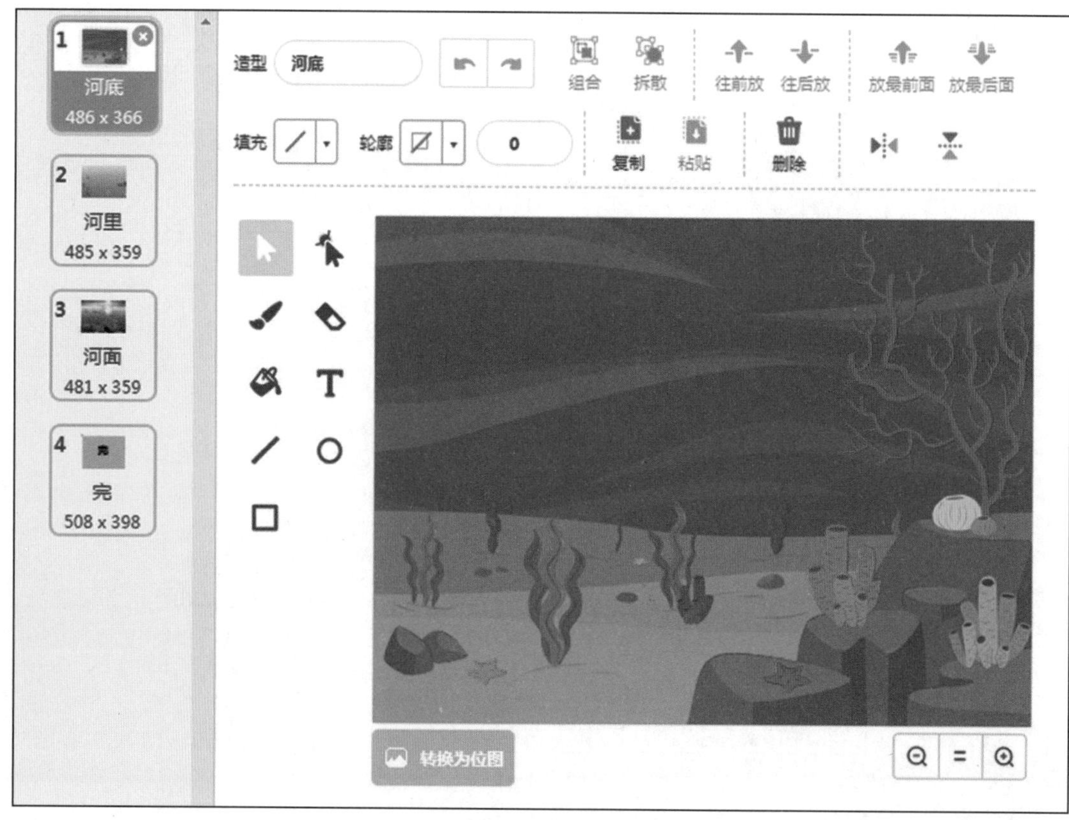

图 1-20

苏老师

在 Scratch 中，角色在舞台上的确切位置可以用坐标表示。舞台宽 480 个单位，高 360 个单位。水平方向为 X 轴，垂直方向为 Y 轴。舞台的中心为原点，坐标 (0,0) 表示水平方向上（横轴坐标）X 的位置为 0，竖直方向上（纵轴坐标）Y 的位置为 0。如图 1-21 所示，小蝌蚪在舞台中的位置是 (11,4)。

图 1-21

和坐标相关的控件有“移到 x : 11 y : 4”和“在 1 秒内滑行到 x : 11　y : 4”。“移到 x : 11 y : 4”表示角色移到(11,4)所指的位置，如图 1-22 所示，“在 1 秒内滑行到 x : 11 y : 4”表示角色在 1 秒内移动到（11,4）的位置。

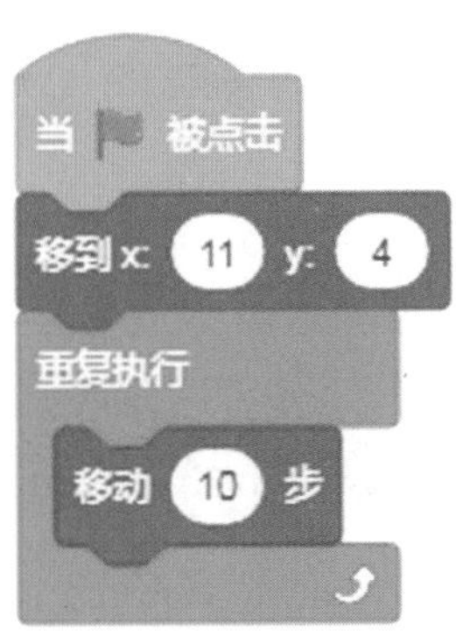

图　1-22

交流与分享

（1）什么是角色？角色的添加方式有哪些？

（2）你能改变小蝌蚪游泳的速度吗？

本节学习的控件如表 1-3 所示。

表　1–3

控　　件	功　　能
重复执行	重复执行控件内部的脚本指令
下一个造型	当角色拥有多个造型时，切换到造型列表的下一个造型
移动 10 步	设置角色在舞台上移动的步长
碰到边缘就反弹	角色碰到舞台边缘时，自动反弹
移到 x: 0 y: 0	把角色移动到舞台指定位置
在 1 秒内滑行到 x: 0 y: 0	角色在指定时间内移动到指定位置

1.3 编写程序

项目情境

小清

小蝌蚪现在找到妈妈了吗？

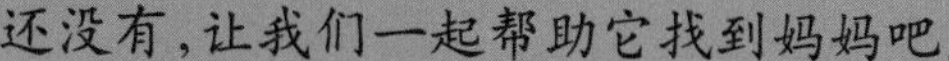

小华

知识介绍

1. 广播消息

(1) 消息的创建

将“事件”模块中的“广播消息”控件拖到脚本区；单击下拉按钮，选择“新消息”命令，在“新消息”对话框中输入消息名称。

(2) 消息的广播

消息创建完成后，就需要把这条消息广播出去，使用“事件”模块中的“广播消息并等待”和“广播消息”脚本指令来广播消息。

苏老师

“广播消息”与“广播消息并等待”都是向所有角色传递消息，但是“广播消息并等待”会等待所有接收消息的角色执行完各自的脚本指令后，才继续向下执行后面的脚本指令；“广播消息”会把消息发送给所有的角色（包括舞台），发出广播的角色同时执行后面的脚本指令。

2. 接收消息

当角色广播消息后，所有的角色都能接收到信息，每个角色通过“事件”模块中的“当接收到消息”脚本中的下拉箭头，选择要接收的消息，如图 1-23 所示。

图　1-23

小贴士

接收消息的名称和广播消息的名称必须相同，这样脚本指令才能够被触发执行。

3. 声音

我们可以利用“声音”模块添加声音或让角色说话，使角色更加生动。

单击“声音”选项卡，打开添加声音的界面，如图 1-24 所示。

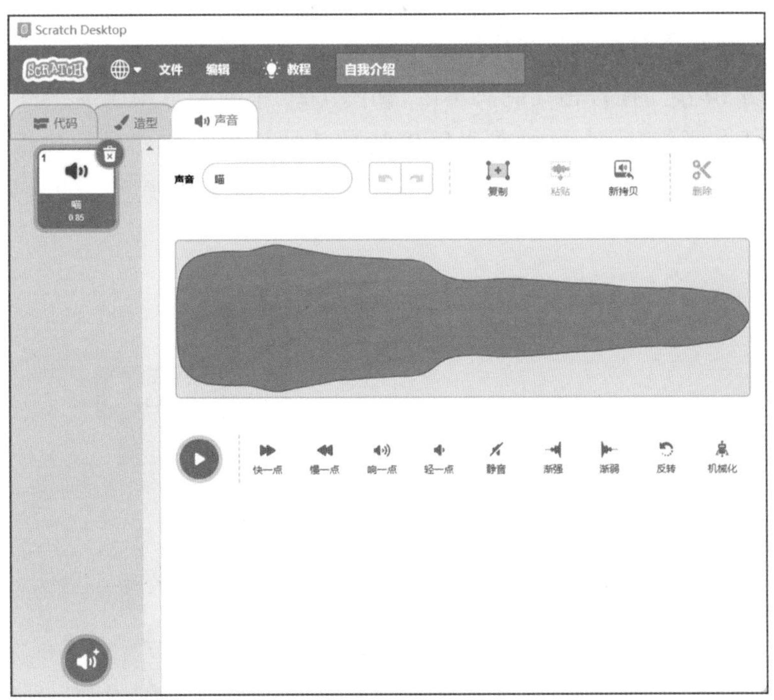

图　1-24

添加声音的方式和添加角色、背景的方法相同，有选择一个声音、录制声音、随机产生声音、上传声音四种方式，可以根据需要选择任一种方式。

4. 朗读

为了使动画更具有趣味性，Scratch 还可以添加朗读功能。单击“添加扩展”按钮，打开添加扩展界面，选择“文字朗读”功能，模块列表中就多了“文字朗读”模块，如图 1-25 所示。

文字朗读

朗读 你好

使用 中音 嗓音

将朗读语言设置为 中文

图 1-25

体验探索

1. 设定角色顺序

第 1 步：小蝌蚪位置初始化。

单击角色“小蝌蚪”，将“事件”模块中的“当绿旗被点击”与“移到 x：11 y：4”相连接，确定小蝌蚪在舞台中的初始位置，如图 1-26 所示。

小贴士

白色圈里朗读的内容是可以通过键盘更改的，也可以拖入相同形状的控件。

第 2 步：让小蝌蚪在水里快乐地游来游去。

将“移动 10 步”控件拖动到脚本区，和图 1-26 中的脚本相连接。将“重复执行”控件拖动到脚本区，实现小蝌蚪在水里连续游动的效果。将“碰到边缘就反弹”控件拖动到“移动 10 步”控件的下方，实现小蝌蚪游到河边就返回的效果，如图 1-27 所示。

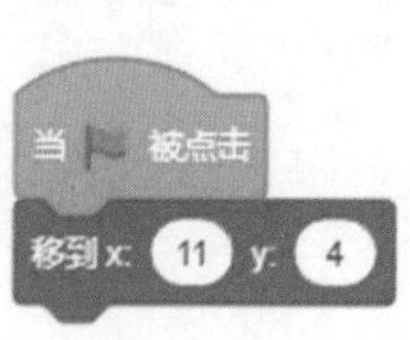

图 1-26

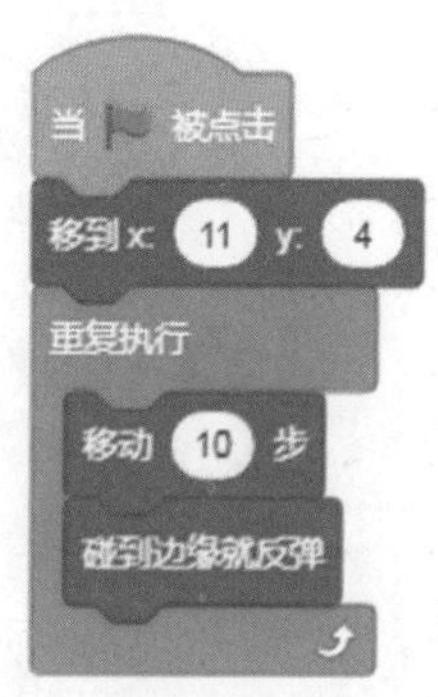

图 1-27

苏老师

“碰到边缘就反弹”控件：当角色碰到舞台边缘时会自动反转，避免角色游到舞台边缘后，一去不复返。

第 3 步：小蝌蚪遇到小乌龟。

单击"事件"模块中的"广播消息"控件，给小乌龟广播一条消息，在新消息的名称中输入"乌龟出场"，如图 1-28 所示。

单击"角色列表"的"上传角色"按钮，选择要上传的图片，在"造型"选项卡中，再单击"转换为位图"，从本地计算机中上传小乌龟角色。

选择"填充"命令，颜色选择透明，用橡皮工具擦除多余的白边，如图 1-29 所示。

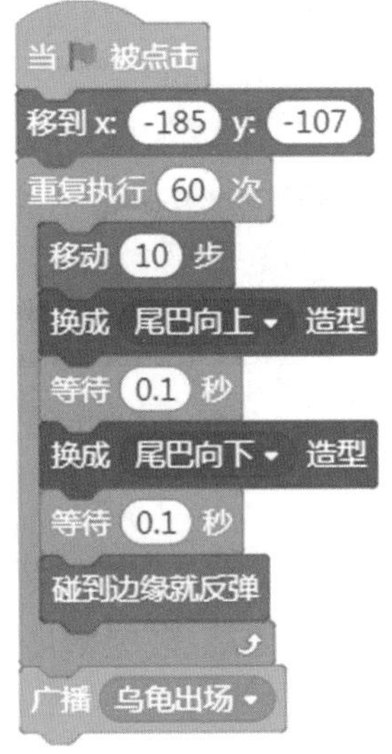

图　1-28

图　1-29

上传的图片最好是 PNG 格式，这样可以轻松地去除角色的白边。

小乌龟要接收到小蝌蚪发出的广播，将"事件"模块中"当接收到消息"脚本拖到脚本区，在下拉框中选择"乌龟出场"。将"外观"模块中的"显示"脚本拖到脚本区，如图 1-30 所示。将"事件"模块中的"移到 x:204 y:19"控件拖到脚本区，确定小乌龟在河里的起始位置。

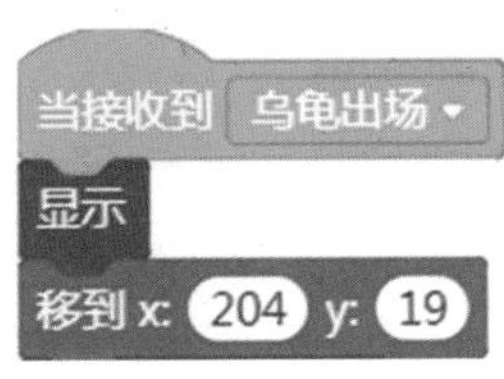

图　1-30

小贴士

当接收到这条广播时，小乌龟会在舞台坐标为（204，19）的位置显示。

将“外观”模块中“将大小设为 100”和“将大小增加 10”控件拖到脚本区，将“控制”模块中的“重复执行 10 次”控件拖到脚本区，并修改相应的参数，实现小乌龟从远处游过来、由小变大的效果，如图 1-31 所示。

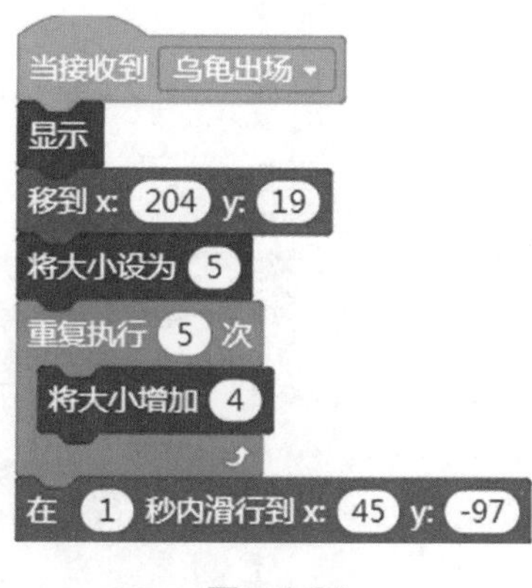

图 1-31

如图 1-31 所示，将小乌龟在 1 秒内从坐标位置（204,19）移动到（45，−97）（小蝌蚪的附近）。使用“广播消息并等待”控件让小乌龟和小蝌蚪进行对话，当小蝌蚪接收到乌龟发出的广播消息“蝌蚪回答”时，与乌龟进行语言互动，如图 1-32 所示。

将“外观”模块中的“隐藏”控件和“事件”模块中的“广播消息”控件拖到脚本区，在弹出的对话框中把消息的名称改为“螃蟹出场”，实现小乌龟隐藏、螃蟹出场的效果，如图 1-32 所示。

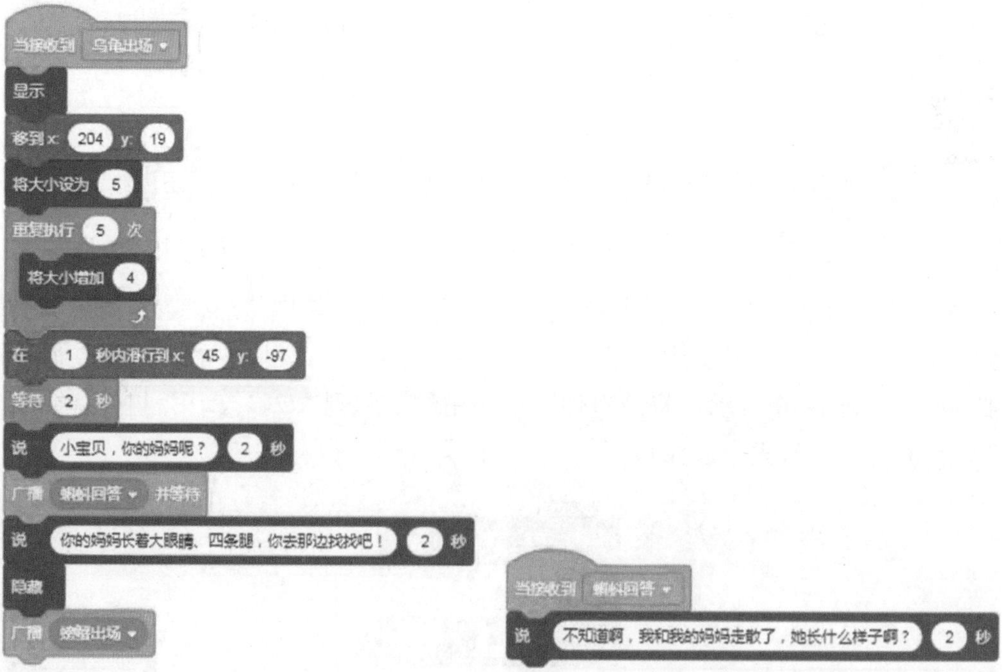

图 1-32

第 4 步：小蝌蚪和小螃蟹相遇。

单击“选择一个角色”按钮进入角色库，单击“动物”分类，选择小螃蟹，小螃蟹就被成功地加到角色列表中了，如图 1-33 所示。

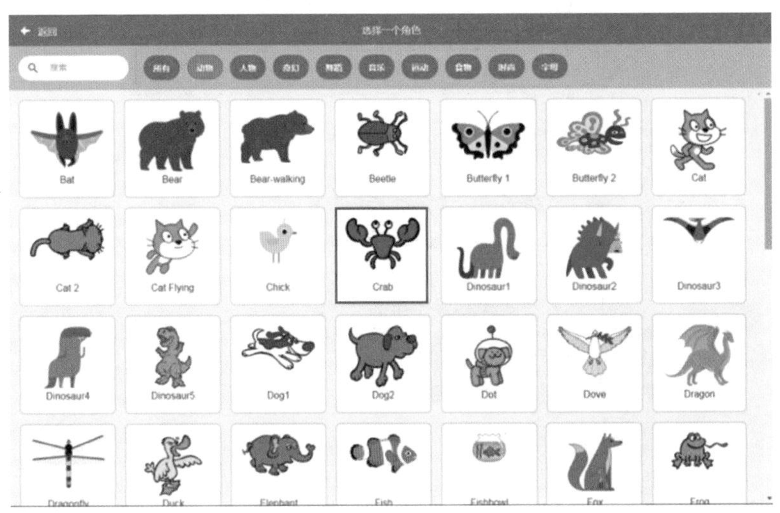

图　1-33

当小蝌蚪接收到“螃蟹出场”消息的时候，已经长出了后腿和前腿，使用“外观”模块中的“换成‘长后脚的蝌蚪’造型”控件实现长出后腿的过程，用同样的方法实现长出前腿的过程，如图 1-34 所示。

实现螃蟹和小蝌蚪的互动，如图 1-35 所示。

当接收到 螃蟹出场
换成 长后脚的蝌蚪 造型
说 你好，螃蟹叔叔！你知道我的妈妈长什么样子吗？ 2 秒
等待 1 秒
广播 螃蟹回答
在 1 秒内滑行到 x: 10 y: -76
等待 2 秒
在 1 秒内滑行到 x: -1 y: -47
换成 长前脚的蝌蚪 造型

图　1-34

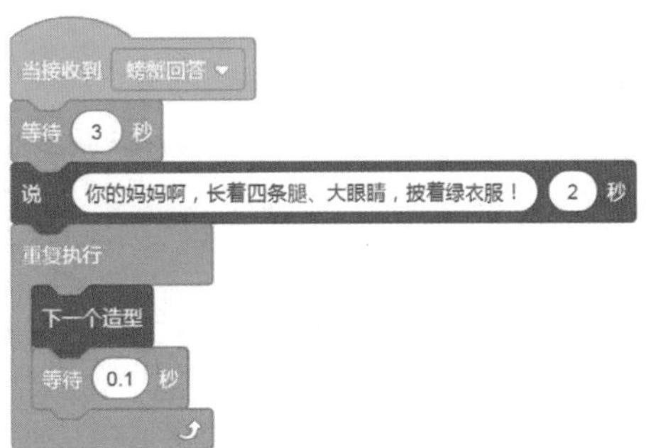

图　1-35

小贴士

将“控制”模块中的“重复执行”控件和“外观”模块中的“下一个造型”控件嵌套在一起，实现小螃蟹造型的变化。

小螃蟹的任务完成后，就可以告诉青蛙妈妈该出场了，如图 1-36 所示。

```
当接收到 螃蟹出场
换成 长后脚的蝌蚪 造型
说 你好，螃蟹叔叔！你知道我的妈妈长什么样子吗？ 2 秒
等待 1 秒
广播 螃蟹回答
在 1 秒内滑行到 x: 10 y: -76
等待 2 秒
在 1 秒内滑行到 x: -1 y: -47
换成 长前脚的蝌蚪 造型
等待 3 秒
广播 青蛙妈妈出场
```

图　1-36

第 5 步：小蝌蚪和妈妈相遇。

青蛙妈妈和小蝌蚪接收到小螃蟹的广播后，分别到合适的位置相遇，方法同上，如图 1-37 所示。

```
当接收到 青蛙妈妈出场
显示
移到 x: -172 y: -77
说 好孩子，你已经长成青蛙的样子了，快过来吧！ 2 秒
广播 跳过来 并等待
说 现在和妈妈一起回家吧！ 2 秒
等待 2 秒
换成 完 背景
```

```
当接收到 青蛙妈妈出场
隐藏
等待 2 秒
换成 没尾巴的青蛙 造型
显示
在 1 秒内滑行到 x: -81 y: 9
说 妈妈，妈妈，我找了你好长时间啦！ 2 秒
等待 1 秒
在 1 秒内滑行到 x: 124 y: -29
换成 成年青蛙 造型
等待 1 秒
```

图　1-37

小蝌蚪跳向妈妈的脚本如图 1-38 所示。

图　1-38

2. 设定场景顺序

起始时场景为“河底”,除了小蝌蚪和乌龟,其他角色在这个场景中是要隐藏的,以同样的方式设置其他场景的切换。当场景切换为“完”时,停止一切脚本,如图 1-39 所示。

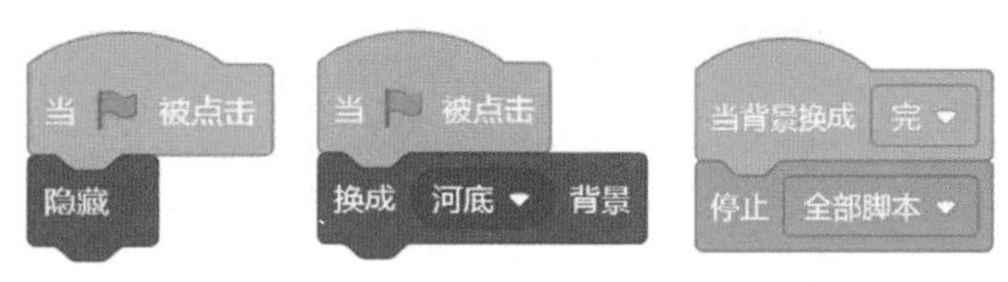

图　1-39

3. 导入音乐

第 1 步:添加库里的音乐。

在“声音”选项卡中,单击“选择一个声音”按钮,打开声音库,如图 1-40 所示。

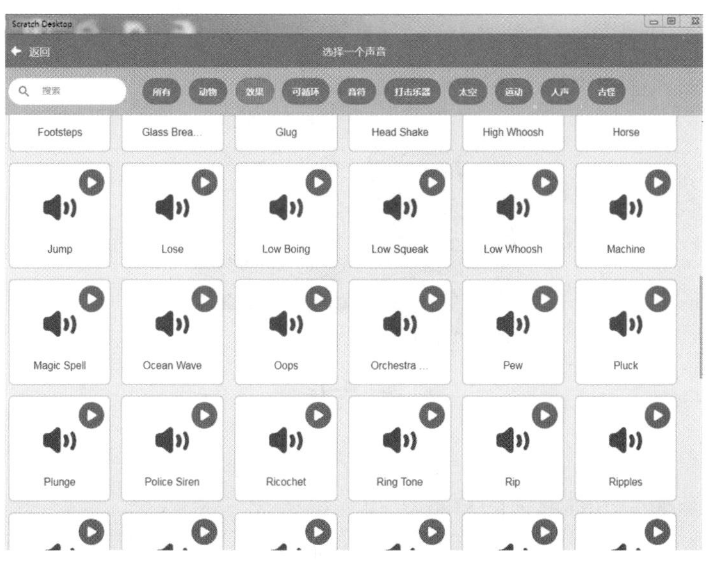

图　1-40

选择“Ripples”, Ripples 就被添加到声音列表中,更改声音名字为“涟漪”,如图 1-41 所示。

图 1-41

第 2 步：添加脚本。

将“声音”模块中的“播放声音‘涟漪’等待播完”控件拖到脚本区，和“当绿旗被点击”以及“重复执行”控件相连接，如图 1-42 所示。

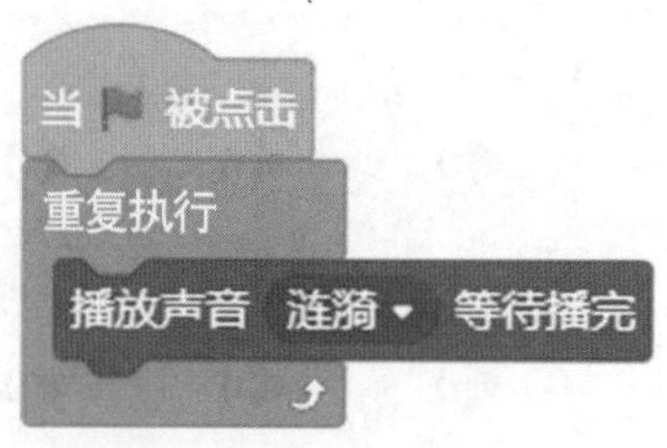

图 1-42

4. 朗读

第 1 步：添加小蝌蚪说话的声音。

单击“小蝌蚪”角色，将“文字朗读”中的“朗读‘你好’”和“使用‘尖细’嗓音”拖到脚本区，与原脚本相连接，并修改朗读的内容，如图 1-43 所示。

第 2 步：添加螃蟹的声音。

方法同上，如图 1-44 所示。

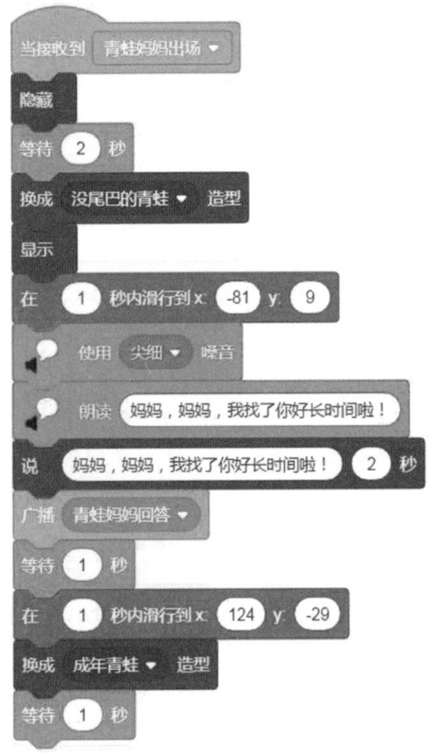

图　1-43

图　1-44

交流与分享

(1) 角色之间的相互沟通可以通过什么控件来实现？

(2)“广播消息”与“广播消息并等待”的区别是什么？

(3) 你可以给其他角色添加说话的声音吗？

本节学习的控件如表 1-4 所示。

表　1-4

控　件	功　能
广播 消息1	广播一个消息给所有的角色，并继续运行后面的脚本
广播 消息1 并等待	广播一个消息给所有的角色，触发它们完成指定脚本后，再继续运行后面的脚本
当接收到 消息1	接收到特定的消息后，运行其下面的脚本

续表

控 件	功 能
将大小增加 (10)	表示角色的大小增加（或减少）指定的值
将大小设为 (100)	将角色的大小设定为指定的数值
下一个造型	当角色有多个造型时，切换到造型列表的下一个造型
换成 (造型2 ▾) 造型	当角色有多个造型时，通过下拉菜单选择指定的造型，改变角色的外观
说 (你好!) (2) 秒	在指定时间内在对话框中显示角色的对话内容
重复执行	重复执行控件内部的脚本
重复执行 (10) 次	重复执行特定次数控件内部的脚本

1.4 制作动画

项目情境

小清

小蝌蚪的妈妈终于找到了，接下来又会发生什么呢？

当然是一起过着幸福的生活啦，我们来继续编写它们的快乐生活吧！

小华

活动目标

在故事《小蝌蚪找妈妈》的基础上，对情节进行完善，进行童话故事续编，如果遇到问题，和小组同学们一起探讨解决，确定研究方案。

活动准备

根据自己的理解，讲一讲故事的发展方向。通过观摩他人的作品，学习优秀作品的精华，形成自己的创作思路，画出设计图。

活动过程

1. 确定主题，组建团队

依据作品设计的需要，对组内成员进行合理分工。

2. 设计作品

讨论本组作品的设计方案，填写表 1-5。

表　1-5

小组名称		
小组成员	姓　　名	分工职责
作品类型	□童话故事类 □角色扮演类 □传统故事类 □侦探故事类 □益智故事类	
我们的设计	1. 作品名称：	

续表

<table>
<tr><td rowspan="1">我们的设计</td><td>2．故事描述：

软件环境：

硬件环境：

3．用到的控件及实现的功能：

4．作品设计图：</td></tr>
</table>

交流与分享

（1）通过挑战任务和项目体验，感受项目成效。

（2）学会项目评价的一般方法。

（3）拓展思想，提出项目改进建议。

对本小组的作品进行评价，填写作品评价表（见表 1-6）。

表　1–6

<table>
<tr><td colspan="8">作品名称：</td></tr>
<tr><td colspan="8">小组成员：</td></tr>
<tr><td colspan="8">使用说明：本评价表通过构思、美观、技术、创新四个评价要素对作品进行评估。总分为 100 分，每个要素占 25 分。采用 5 分制的评分标准，评价者根据评价标准对作品进行评分，5 分为最高，1 分为最低。作品所得总分 85 ～ 100 分为优秀，70 ～ 84 分为良好，60 ～ 69 分为一般，0 ～ 59 分为不够完善。</td></tr>
<tr><th rowspan="2">评价要素</th><th rowspan="2">评 价 标 准</th><th colspan="5">评价分数</th><th rowspan="2">合计</th></tr>
<tr><th>5</th><th>4</th><th>3</th><th>2</th><th>1</th></tr>
<tr><td rowspan="5">构思
(25 分)</td><td>主题明确，作品完整，比如是一个有情节的故事或者一个完整的游戏等</td><td></td><td></td><td></td><td></td><td></td><td rowspan="5"></td></tr>
<tr><td>文字、舞台背景、角色切合作品主题内容，配合适当，能够清晰地表达主题</td><td></td><td></td><td></td><td></td><td></td></tr>
<tr><td>文字、图片、声音等素材丰富</td><td></td><td></td><td></td><td></td><td></td></tr>
<tr><td>作品有趣且吸引人</td><td></td><td></td><td></td><td></td><td></td></tr>
<tr><td>作品运行时的操作有相应的说明</td><td></td><td></td><td></td><td></td><td></td></tr>
<tr><td rowspan="5">美观
(25 分)</td><td>界面布局合理，整体风格统一</td><td></td><td></td><td></td><td></td><td></td><td rowspan="5"></td></tr>
<tr><td>色彩搭配协调，视觉效果好</td><td></td><td></td><td></td><td></td><td></td></tr>
<tr><td>文字颜色和大小搭配适宜，易于阅读</td><td></td><td></td><td></td><td></td><td></td></tr>
<tr><td>舞台背景和角色美观、清晰，易于查看</td><td></td><td></td><td></td><td></td><td></td></tr>
<tr><td>作品能反映出小组一定的审美能力</td><td></td><td></td><td></td><td></td><td></td></tr>
<tr><td rowspan="5">技术
(25 分)</td><td>作品运行稳定，没有出现明显的差错</td><td></td><td></td><td></td><td></td><td></td><td rowspan="5"></td></tr>
<tr><td>脚本使用简洁，没有赘余</td><td></td><td></td><td></td><td></td><td></td></tr>
<tr><td>操作方便，易于控制</td><td></td><td></td><td></td><td></td><td></td></tr>
<tr><td>选用模块合理，不同内容的呈现及逻辑关系合理、清晰</td><td></td><td></td><td></td><td></td><td></td></tr>
<tr><td>作品与使用者之间有流畅的交互</td><td></td><td></td><td></td><td></td><td></td></tr>
<tr><td rowspan="5">创新
(25 分)</td><td>主题和表达形式新颖</td><td></td><td></td><td></td><td></td><td></td><td rowspan="5"></td></tr>
<tr><td>内容创作注重原创性</td><td></td><td></td><td></td><td></td><td></td></tr>
<tr><td>构思巧妙，创意独特</td><td></td><td></td><td></td><td></td><td></td></tr>
<tr><td>软硬件交互设计合理，作品中连入传感器或其他外接设备</td><td></td><td></td><td></td><td></td><td></td></tr>
<tr><td>作品能引人遐想、让人意犹未尽或能引发思考</td><td></td><td></td><td></td><td></td><td></td></tr>
<tr><td colspan="7">总　　分</td><td></td></tr>
</table>

活动总结

（1）结合自己的学习与理解，建立本单元知识之间的联系，完成本单元的知识结构图。

（2）根据自己的掌握情况，填写知识能力评价表（见表 1-7）。

表 1-7

学 习 内 容	掌 握 程 度		
	达成	基本达成	未达成
了解动画			
认识 Scratch 的界面			
学会添加角色的四种方法			
学会添加舞台背景			
学会使用“广播消息”与“接收消息”控件			
学会添加功能模块			

第 2 单元　数据与变量

当今社会，人们生活在一个充满数据的世界里，时时刻刻创造并应用着数据，享受着数据带来的便利。而大数据更是在数据生活中极速流动和增加。数据从产生到使用，经历了存储、处理、挖掘、应用等多个过程，数据及其传输有着独特的趣味和魅力。从简单的计算器到华丽的网站，所有的程序都必须存储和操作数据，而变量就是实现这一点的最基本的编程工具之一。变量可以用来存储数据，也可以方便我们搜索和访问数据。

口算也叫作“心算”，是数学教学方法之一，它是一种只凭思维及语言活动、不借助任何工具的计算方法。熟练掌握口算有助于笔算，且便于在日常生活中应用。口算是小学数学学习的重要内容，是小学生数学作业和数学考试的重要组成部分。培养学生口算、估算、速算的意识，对发展学生的计算能力，使学生拥有良好的数感，具有重要的作用。“口算达人”充分利用信息学科和图形化编程的优势，为小学生搭建一个体验舒适、趣味性强、方便实用的口算训练平台，让孩子自主进行口算训练，从而提高口算能力。

在本单元的学习中，我们将借助图形化编程工具，认识数据世界，理解数据、变量与大数据三者之间的相互关系，以“口算达人”为主题开展项目活动，体验数据的存储、处理、挖掘和应用价值。

项　　目：口算达人

项目目标

本单元应用程序设计中的“数据与变量”，完成程序设计作品“口算达人”，在制作过程中逐步理解数据处理的过程，如图 2-1 所示。

图　2-1

项目过程（见表 2-1）

表　2-1

设计思考	运用程序设计工具软件设计一个能够实现自动出题、判断的软件作品
制作作品	运用程序设计工具软件制作常见的数学运算程序，认识并运用数据与变量
改进优化	提出实现项目的新方法，完善作品
交流分享	开展作品交流与评价，分享制作作品的经验

项目总结

完成本单元项目后，各小组提交项目学习成果（包括思维导图、算法流程图、项目学习记录单等），开展作品交流与评价，体验小组合作、项目学习和知识分享的过程，认识编程在解决问题中的作用和在生活中的价值。

2.1　数据存储

项目情境

小清

最近我要参加数学口算竞赛，该怎么提高成绩呢？

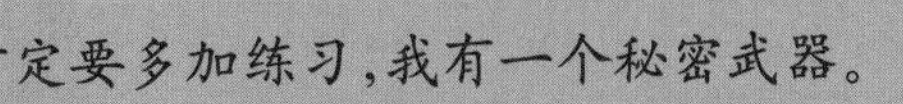

小华

知识介绍

1. 数据

数据不仅指狭义上的数字，还可以是具有一定意义的文字、字母、数字符号的组合或者图形、图像、视频、音频等，也可以是客观事物的属性、数量、位置及其相互关系的抽象表示，如图 2-2 所示。数据经过加工后就成为信息。

图　2-2

2. 变量

变量来源于数学，是数据可以变化的量，可以对变量进行赋值、计算或比较等操作。变量就像一个容器，它可以容纳许多不同的东西，但一次只能容纳一个。在图形化编程软件中，很多圆角矩形的控件就是变量。

体验探索

1. 新建变量

变量是指没有固定值的量，即可以改变数值的量。在“变量”模块中，可以建立并命名一个变量。在“侦测”模块中，可以显示询问，并等待输入，将输入的数据存储在“回答”控件中。

小贴士

变量的名称可以是中文，也可以是字母、数字或字母和数字的组合等。“变量”模块中新建的变量可以自主命名。

第 1 步：新建变量 a、b、c。

选定小猫角色，单击变量模块中的“建立一个变量”按钮，输入变量名称 a，单击“确定”按钮，如图 2-3 所示。

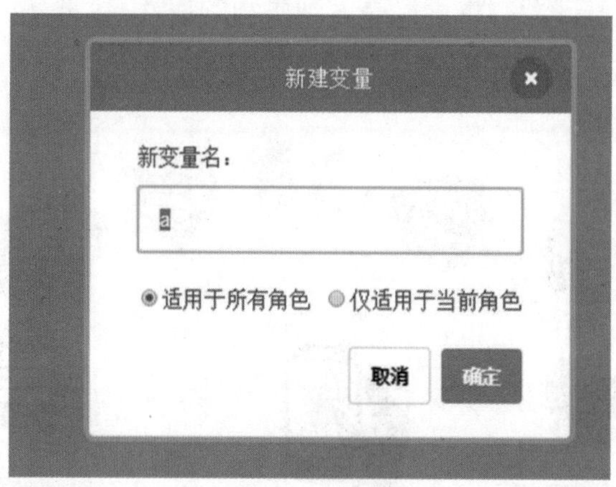

图 2-3

再依次新建两个变量 b 和 c。变量 a、b、c 分别为加数 1、加数 2、和。

小贴士

新建变量后，变量会自动出现在舞台上，并默认正常显示 a 0 形态。可以双击它切换显示形态，也可以右击它选择合适的显示形态。

第 2 步：绘制新角色“+”和“=”。

单击角色区中的“绘制角色”按钮，打开“造型”标签页。绘制新角色“+”和“=”，并调整角色在舞台上的大小和位置。

绘制“+”与“=”角色的方法有很多，可以画出来，也可以以字符形式输入。

2. 用户输入

在“侦测”模块中，利用“询问并等待”控件和“回答”控件可以进行计算机与人的沟通，这两个控件成对出现使用，其中“回答”控件就是实现用户输入的途径。

3. 加法运算

设计一个能够实现自动出题、判断的加法运算作品。

第 1 步：出题。

给变量 a、b 赋值为随机数。“运算”模块中的“随机数”控件表示在某个数值范围内随机产生一个数字。给变量 c 赋值为空，这样舞台上算式中的和就显示为答题前空白的状态。拖动“侦测”模块中的“询问并等待”控件，与已有脚本连接，并将询问的内容修改为“你的回答是什么？”，实现舞台上的出题效果，如图 2-4 所示。

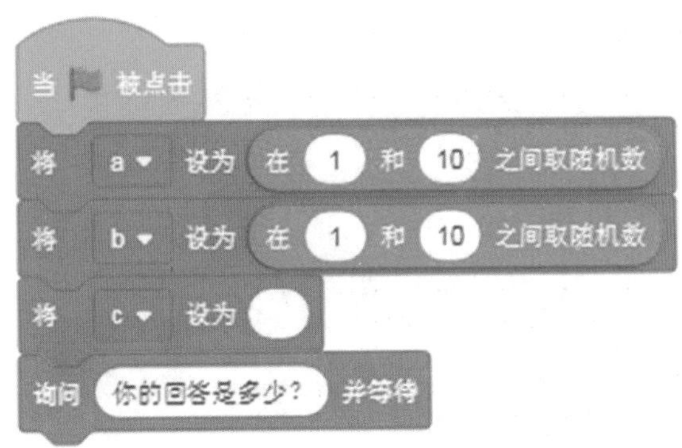

图　2-4

随机函数是随机产生数的函数，指定一个数值范围，可以让随机函数随机产生一个数字。

苏老师

数值型的数据可以用数学的方法进行计算，文本型的数据可以用连接控件连接在一起，如图 2-5 所示。

图 2-5

第 2 步：答题。

将和的值设为回答。拖动“侦测”模块中的“回答”控件放入脚本，将用户输入的回答（即文本型数据）赋值给变量 c。

第 3 步：判断。

判断 c 是否等于 a+b 的和。将“控制”模块中的“如果……那么……否则……”控件拖入脚本，在“运算”模块中找到数学运算控件“加法”控件、逻辑运算控件“等于”控件，并组合拖到“如果”后面的条件中，将“外观”模块中的“说 2 秒”控件放入合适的位置，并修改说的内容，如图 2-6 所示。

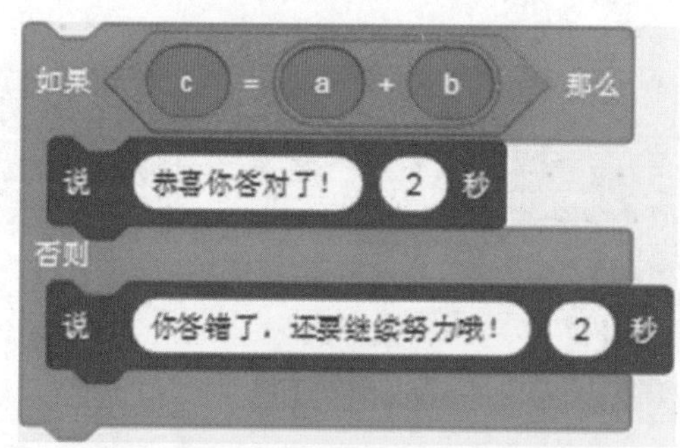

图 2-6

“说 2 秒”控件和“说”控件有显示时长的区别，前者可以自主设定显示的时长。

交流与分享

(1) 你了解到的数据有哪些类型？哪些数据可以用变量表示？

(2) 数据获取的方式有哪些？（如用户输入、扫描采集、直接赋值……）

本节学习的控件如表 2-2 所示。

表　2-2

控　　件	功　　能
当 ⚑ 被点击	当绿旗被单击，执行下面的程序
询问 What's your name? 并等待	询问并等待
回答	存储键盘输入的数据
将 a ▾ 设为 0	给变量赋值为一个数值
在 1 和 10 之间取随机数	随机数
连接 apple 和 banana	连接字符串
如果 那么 否则	判断条件并执行结果
( ) + ( )	数学运算：加法 / 两数相加
( ) = 50	逻辑运算：等于 / 两数相等
说 你好！ 2 秒	舞台上显示文字 2 秒

2.2 数据处理

项目情境

小华，你还能出其他类型的题目吗？

当然啦，我还能出四则运算呢。接下来，我们来进行减法口算训练。

知识介绍

1. 四则运算

四则运算是指加法、减法、乘法和除法四种运算。在图形化编程软件中，“运算”模块提供了四则运算的运算控件。

2. 逻辑运算（布尔运算）

逻辑运算通常用来进行数据的比较。在图形化编辑软件中，“运算”模块同样提供了相应的逻辑运算控件。例如，大于、小于、等于、与、或、不成立等。

逻辑运算又称为布尔运算，通常用来测试真假值。最常见到的逻辑运算是循环的处理，常用来判断是否离开循环或继续执行循环内的指令。

体验探索

1. 减法运算

第 1 步：修改脚本。

可以在加法运算的基础上修改脚本，将加法运算改成减法运算，如图 2-7 所示。

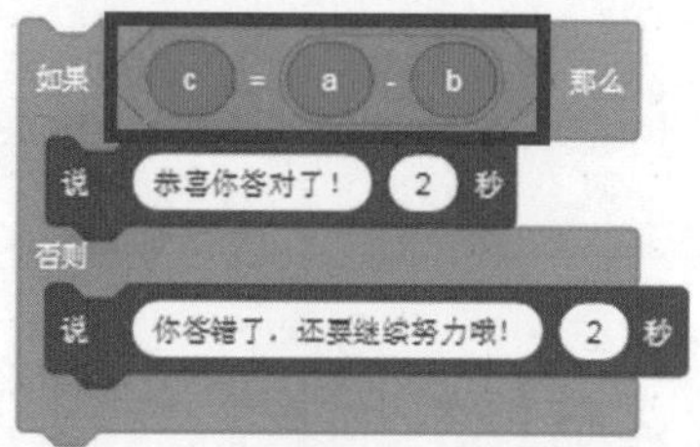

图 2-7

第 2 步：修改运算符号。

选中加号角色，选择造型，在绘图编辑器中将加号修改成减号。

第 3 步：保存文件。

选择"文件"→"保存到电脑"命令，将文件保存在合适的位置，如图 2-8 所示。

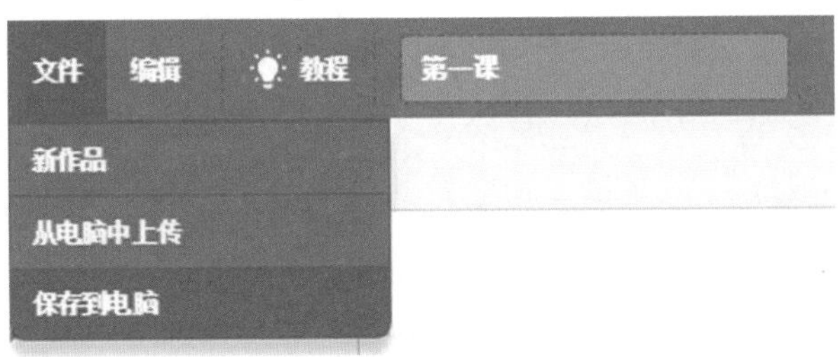

图　2-8

在其他程序的基础上修改时尽量不要直接保存，可以另存为一个新的文件。

小清：我发现你出的题目有错，被减数比减数小，这是怎么回事？（见图 2-9）

小华：这道题没错，以后你就会做了，现在我可以帮你把这道题跳过去。

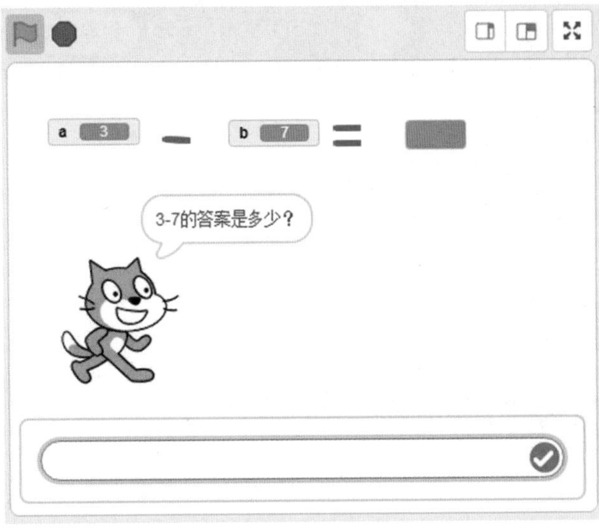

图　2-9

2. 比较大小

在小学阶段，因为我们学习知识的有限性，被减数的值一般要大于减数，因此，我们在询问回答之前可以增加一个比较被减数和减数大小的步骤。只有在 a>b 或者 a=b 的情况下，系统才会出题，否则不出题。

第 1 步：比较。

比较 a 是否大于或者等于 b，需要在“运算”模块中找到逻辑运算控件“大于”“小于”或“不成立”，将变量 a 和变量 b 拖动到方框里，并组合拖到“或”条件语句 a > b 或 a = b 中。

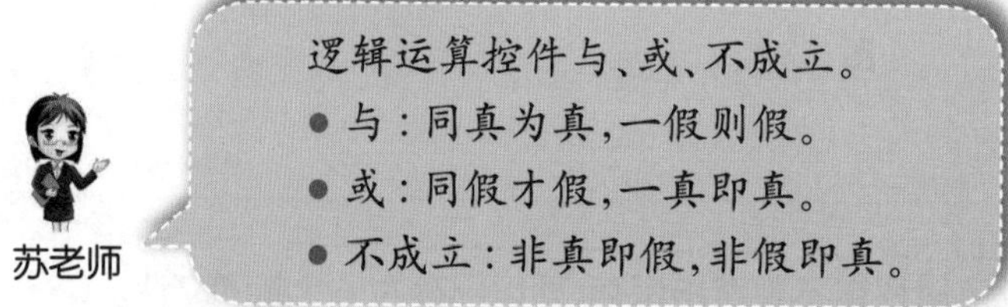

第 2 步：判断。

只有在 a>b 或者 a=b 的情况下，系统才会出题，否则不出题。

将判定的条件和相应的询问与回答拖到“如果……那么……否则……”控件中，如图 2-10 所示。这样，只有在满足被减数大于或等于减数时，才会询问并请你回答。

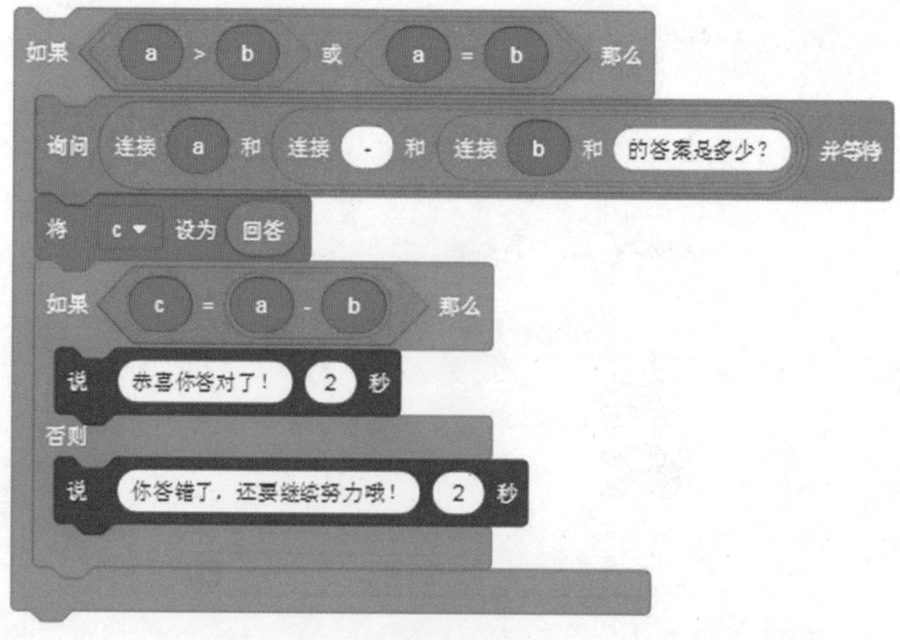

图 2-10

3. 循环出题

小清

我想连续训练五道题，应该怎么办呢？

我来帮你吧！程序中有三种结构，即顺序、循环、分支，要连续训练五道题就要用到循环结构。

苏老师

小华

那我知道怎么做了。可以在“控制”模块中找到“重复执行（）次”控件，将它拖到“当绿旗被点击”下面，并修改里面的循环次数为 5，如图 2-11 所示。

```
当 绿旗 被点击
重复执行 5 次
    将 a 设为 在 1 和 10 之间取随机数
    将 b 设为 在 1 和 10 之间取随机数
    将 c 设为
    如果 a > b 或 a = b 那么
        询问 连接 a 和 连接 - 和 连接 b 和 的答案是多少？ 并等待
        将 c 设为 回答
        如果 c = a - b 那么
            说 恭喜你答对了！ 2 秒
        否则
            说 你答错了，还要继续努力哦！ 2 秒
```

设置循环次数为5次

图 2-11

小清

我发现这个程序不是每次都能出 5 道题，有时出了 2 道题就停住了，这是怎么回事呢？

当每次都满足被减数大于或等于减数时，程序会循环出 5 道题，如果有不满足被减数大于或等于减数的情况出现，程序就会停止出题，所以有时就会出现出了 2 道题就停止的情况。

苏老师

交流与分享

(1) 到底怎么才能实现一定能出满 5 道题呢？你会根据需要设置出题数吗？
(2) 跳过题目是小华想出来的解决办法，你还可以怎么做？
(3) 乘法或除法的题你会出吗？
(4) 你能用自己的话解释一下逻辑运算与、或、不成立吗？

拓展阅读

算法与流程图

算法是解决问题或执行任务时所需的一系列步骤。可以使用流程图来描述算法。流程图是由箭头连接的框组成的。每个框中都有一个步骤来解决一个问题，如图 2-12 所示。为了便于识别，绘制流程图的习惯做法如下。

圆角矩形表示“开始”与“结束”；矩形表示行动方案或普通工作环节；菱形表示问题判断或判定（审核 / 审批 / 评审）环节；平行四边形表示输入 / 输出；箭头表示工作流方向。

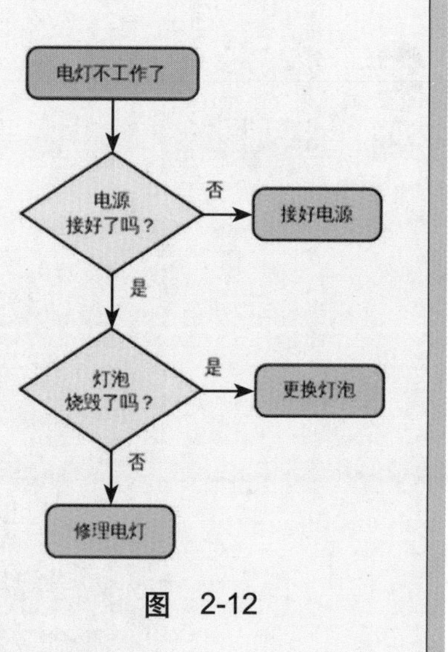

图 2-12

实践活动

尝试绘制出题器的流程图，并进行讨论交流。

本节学习的控件如表 2-3 所示。

表 2-3

控　件	功　能
( ) - ( )	数学运算：减法 / 两数相减
( ) > 50	逻辑运算：大于
< > 或 < >	逻辑运算：或
重复执行 10 次	循环指定的次数

2.3　数据统计

项目情境

最近我的口算速度提升了，我想知道我的成绩。

没问题，我们还可以设置一个计算成绩的变量。

知识介绍

1. 大数据

生活在信息社会中，每个人都在为这个社会贡献着数据。人们利用社交、教育等平台进行交流、学习，这些活动产生的庞大数据正在快速流动、急剧增加。在口算练习中，我们还可以挖掘出练习者的综合口算能力大数据，如图 2-13 所示。

图　2-13

2. 数据挖掘

数据挖掘是指从大量的数据中发现可能有用的数据的过程。这一过程中发现的是用户感兴趣的知识，并且发现的知识要可接受、可理解、可运用。在图形化编程软件中，除了可以进行口算练习，还可以挖掘出更多的数据。

体验探索

1. 计分

为了跟踪并记录游戏中的口算得分，我们将创建一个变量，它会记录收集到的分数。

第 1 步：新建变量 s。

选定小猫角色，单击“变量”模块中的“建立一个变量”按钮，输入变量名称 s，单击“确定”按钮。

第 2 步：设置得分。

新建变量 s 保存得分，并设定初始值为 0。通过“变量”模块中的“将变量增加”控件进行分值的设置。如果回答正确，就加分，否则不得分，如图 2-14 所示。

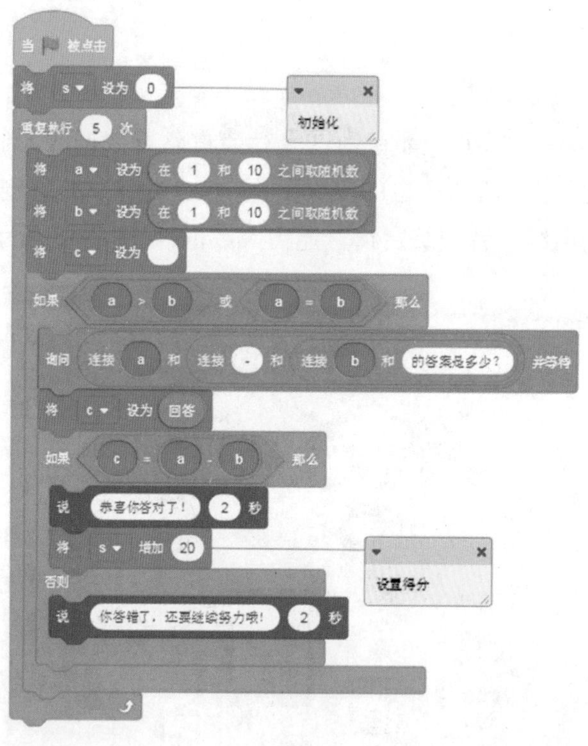

图 2-14

“将变量设为”控件可以将分数设定为某个值。

“将变量增加”控件可以在当前数值基础上增加一个数，如果要减去一个数，只要设置为增加一个负数即可。

小组讨论：为什么需要设置变量 s=0？增加的分数如何更加科学合理？除了可以计分，用这种方法你还可以实现哪些功能？

2. 计时

口算一般都要进行计时，比如 10 道题用了多少时间，或 1 分钟能做多少题。

第 1 步：认识计时器。

选择“侦测”模块中的计时器，在“计时器”控件前打钩，就可以看到不管你是否使用计时器，时间都在往前走，如图 2-15 所示。因此，为了记录时间，使用计时器之前，需要先找到“计时器归零”控件。

图　2-15

苏老师

计算时间的机器被称为 timer，单位为毫秒，1 秒 =1000 毫秒，可见毫秒是一个非常小的单位。不过即便如此，毫秒在生活中也非常有意义，比如电影就是利用了人的视觉暂留原理，视觉暂留的时间是 100～400 毫秒。

第 2 步：统计答题时间。

新建变量时间 t，设定初始值为 0，如图 2-16 所示。

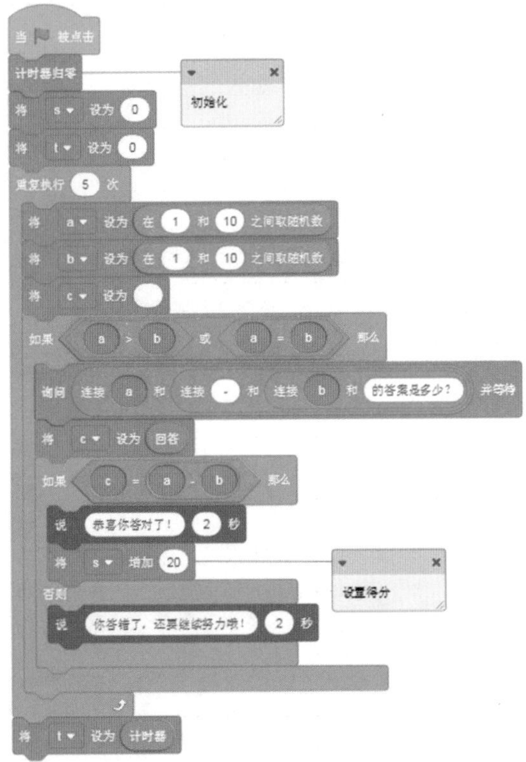

图　2-16

答题结束,用变量 t 保存计时器的值。

这时,我们的“口算达人”游戏就完成了。现在单击绿旗来运行脚本,看看是否实现了你的想法。

交流与分享

(1) 你能说一说这些数据有什么价值吗?

(2) 你还能挖掘出更多有用的数据吗?比如正确率或判断成绩是否优秀。

(3) 可以及时显示剩余题目数量吗?

拓展阅读

1. 便捷出行

导航地图软件能根据用户实时上报的交通事件信息,通过大数据平台综合考虑道路环境、天气情况和节假日等多种因素,基于大数据分析得出每条道路在不同环境或不同时间的路况规律,为交通预测和路径规划提供依据。

体验:利用导航地图查找出行“捷径”,如图 2-17 所示,结合实际经历说一说其中的大数据从何而来,又是如何处理的。

图 2-17

2. 了解年度“热词”有多热

国家语言资源监测语料库利用语言信息处理技术,根据词语出现的频次,结合人工后期处理提取、筛选后评选出年度中国十大“热词”,代表了当年中国主流媒体的关注点和语言特点。

体验:将你所了解到的“热词”作为关键字在百度指数平台中进行检索,并进行搜索指数趋势研究,体验百度指数平台的大数据应用,了解其可视化分析结果,如图 2-18 所示,并将结果填写在表 2-4 中。

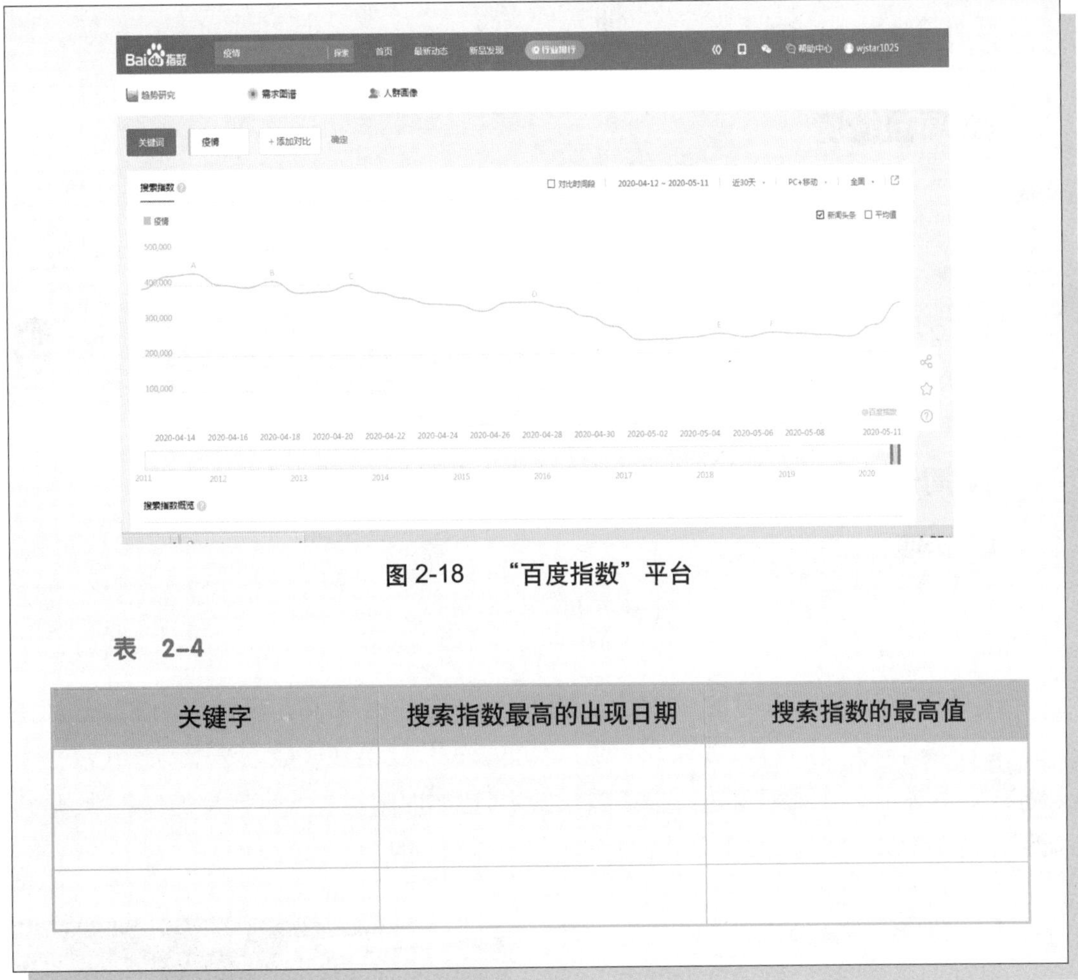

图 2-18　“百度指数”平台

表　2–4

关键字	搜索指数最高的出现日期	搜索指数的最高值

本节学习的控件如表 2-5 所示。

表　2–5

控　　件	功　　能
当 🏳 被点击	当绿旗被点击，执行下面的程序
将 s ▾ 设为 0	变量操作，设置绝对值
将 s ▾ 增加 1	变量操作，设置相对值
☐ 计时器	计时器
计时器归零	计时器归零

2.4 数据应用

项目情境

小清：现在我的加减法运算能力有了显著提升，不信你考考我。

小华：好的，不过我会随机出题。

知识介绍

1. 运算

五言五百篇，七字七十九。

三字二十一，都来六百首。

这是唐朝诗僧寒山写的一首诗。诗的大意是自己写了五言诗五百首，七言诗七十九首，三言诗二十一首，加在一起是六百首。古代汉语在表数方法上与现代汉语相比有较大的差异。在我们身边有很多数学知识，比如四则运算（也就是加、减、乘、除的运算）是小学数学的基础，也是我们日常使用得最多的数学知识。

2. 列表

相对于变量来说，列表更为庞大，可以代替好多个变量所存储的内容。等到需要的时候，再从列表中调出来使用，如同图书馆里的书架，如图 2-19 所示。在图形化编程软件中，“变量”模块就可以添加列表。

图 2-19

体验探索

1. 加减运算

我们可以在加法运算和减法运算的基础上将程序进行修改，使之变为加减混合运算的口算出题程序。

这里，需要创建一个变量进行随机出题。

第 1 步：新建变量 f。

选定小猫角色，单击“变量”模块中的“建立一个变量”按钮，输入变量名称 f，单击“确定”按钮。

第 2 步：造型切换。

选择加号角色添加造型，分别为加、减。

第 3 步：判断并运算。

将变量 f 的值设置为 1 ～ 2 的随机数。当 f=1 时为加法运算，当 f=2 时为减法运算。进行加减法运算时，加号角色的造型根据运算符的变化进行切换，如图 2-20 所示。

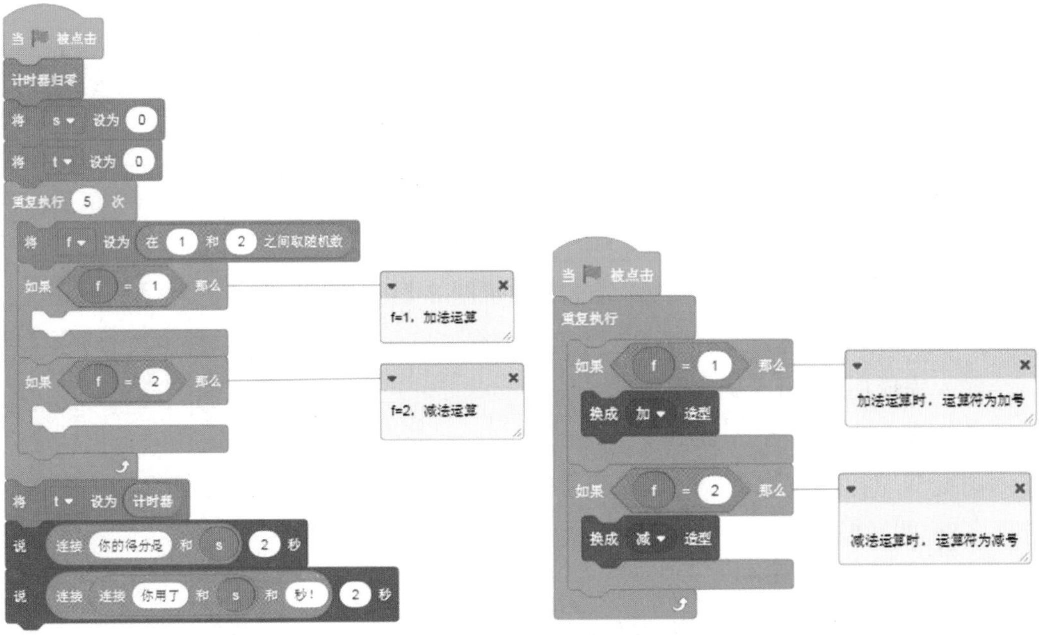

图　2-20

苏老师

计算器是一个几乎可以无限扩展的工具程序，我们从最简单的加数，到减法、再到加减混合，已经迈出了最重要的第一步，就像原始人类创造滚木运输的方法一样，离制造车轮以及可以轻松而高速运行的车辆已经不远了。

小清

感谢你的帮忙，我又可以通过训练来提高自己的口算成绩了。

小华

我还可以帮助你记录每次的成绩，并进行排名。

2. 运算排行

列表是变量的一种，也是一组变量。要统计出每次的训练成绩，每次的成绩相当于一组变量。先来了解列表的相关功能。

- 增——添加列表项。
- 删——删除某条或全部列表项。
- 改——修改项目位置或内容。
- 读——读取列表长度、列表内容。

在图形化编程软件中，凡是白底的“文本框”都可以静态输入内容，或者通过“变量”“侦测”等模块动态输入内容。

第 1 步：建立列表。

选择“变量”模块，单击“建立一个列表”按钮，在弹出的对话框中输入指定的列表名称，如图 2-21 所示。

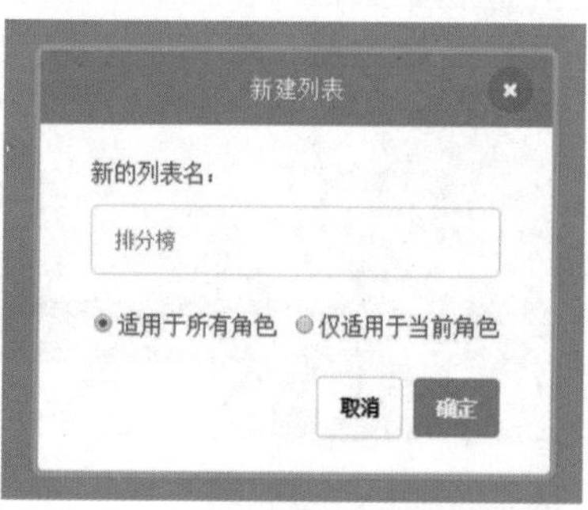

图 2-21

输入完成后，单击“确定”按钮。

第 2 步：分数排名。

将变量“行”设为 1。使用列表逐行读取比较，将口算得分 s 与排行榜中的得分进行比较，如果得分大于分数榜中的值则替换，如图 2-22 所示。

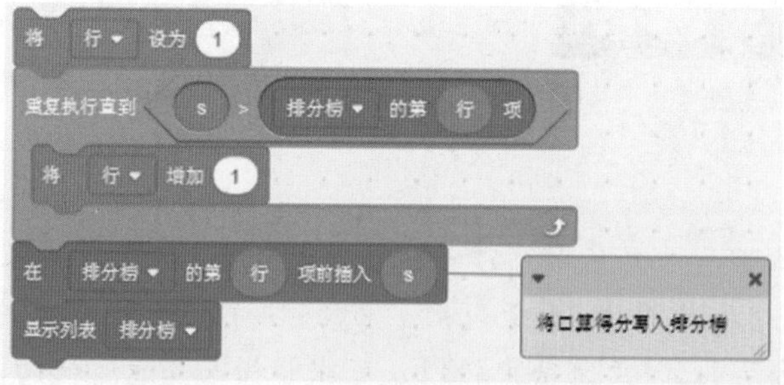

图 2-22

终于完成了！现在单击绿旗来运行脚本，看看是否实现了你的想法。

小华

小清

没问题，那四则运算你能做出来吗？让这款游戏更加具有挑战性吧。

2.5 大数据

项目情境

我的口算水平提高了很多，我可以用数据来说明。

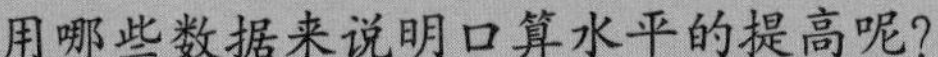

用哪些数据来说明口算水平的提高呢？

哈哈，比如答题数、答题时间、得分呀！

活动目标

在学习制作“口算达人”作品的基础上，用项目式学习的方式，对本班学生的口算能力进行调查汇总，围绕“提高全班口算成绩”展开学习，体验如何进行提高口算成绩的分析与作品功能的概要设计，了解信息技术的优势。

活动准备

了解项目整体概况，通过对已有班级作品的实际体验，分析本班同学的口算能力；开展头脑风暴，进行可行性分析，明确项目活动的要求、成果的形式，合理组建活动小组，进行阶段性分工规划，共同协作完成项目任务。

活动过程

1. 汇总个人口算得分情况

填写口算能力指标表（见表 2-6）。

表 2-6

内容	题数	时间	得分	备注
加法				
减法				
乘法				
除法				

2. 讨论活动方案

讨论“提高全班口算成绩”项目的任务、预期成果、各阶段具体活动、计划完成时间、预计各阶段活动成果及负责人，填写项目计划表（见表 2-7），完善项目整体规划方案。

表 2-7

<table>
<tr><th colspan="4">一、项目基本情况</th></tr>
<tr><td>项目名称</td><td></td><td>项目组长</td><td></td></tr>
<tr><td>项目成员</td><td colspan="3"></td></tr>
<tr><td>项目目标</td><td colspan="3"></td></tr>
<tr><td rowspan="2">预期成果</td><td colspan="3">个人：</td></tr>
<tr><td colspan="3">团队：</td></tr>
<tr><td colspan="4">项目可行性分析（对本项目将产生的作用及为此花费的人力、物力、财力进行描述，预计开展项目时可能会面临的挑战和解决办法）</td></tr>
</table>

<table>
<tr><th colspan="6">二、项目规划</th></tr>
<tr><td>项目执行阶段</td><td>计划用时</td><td>项目活动</td><td>预计活动成果</td><td>负责人</td><td>所需资源</td></tr>
<tr><td>项目准备阶段</td><td></td><td></td><td></td><td></td><td></td></tr>
<tr><td>项目实施阶段</td><td></td><td></td><td></td><td></td><td></td></tr>
<tr><td>项目验收阶段</td><td></td><td></td><td></td><td></td><td></td></tr>
</table>

交流与分享

看完别人的作品，是不是觉得自己的作品还有许多地方要修改呢？别着急，先问一问自己以下几个问题，然后再进行修改。

（1）你觉得你的口算在哪一方面还可以提升？

（2）你的作品功能是否完整？

（3）你的程序还可以优化吗？（删去烦琐的步骤，重新设计作品）

（4）你还能挖掘生活中的数据吗？（修改作品，解决生活中的实际问题）

对本小组的作品进行评价，填写作品评价表（见表 2-8）。

表　2-8

作品名称：

小组成员：

使用说明：本评价表通过构思、美观、技术、创新四个评价要素对作品进行评估。总分为 100 分，每个维度占 25 分。采用 5 分制的评分标准，评价者根据评价标准对作品进行评分，5 分为最高，1 分为最低。作品所得总分 85 ～ 100 分为优秀，70 ～ 84 分为良好，60 ～ 69 分为一般，0 ～ 59 分为不够完善。

评价要素	评价标准	评价分数					合计
		5	4	3	2	1	
构思（25 分）	主题明确，作品完整，比如是一个有情节的故事或者一个完整的游戏等						
	文字、舞台背景、角色切合作品主题内容，配合适当，能够清晰地表达主题						
	文字、图片、声音等素材丰富						
	作品有趣且吸引人						
	作品运行时的操作有相应的说明						
美观（25 分）	界面布局合理，整体风格统一						
	色彩搭配协调，视觉效果好						
	文字颜色和大小搭配适宜，易于阅读						
	舞台背景和角色美观、清晰，易于查看						
	作品能反映出小组一定的审美能力						

续表

<table>
<tr><th rowspan="2">评价要素</th><th rowspan="2">评 价 标 准</th><th colspan="5">评价分数</th><th rowspan="2">合计</th></tr>
<tr><th>5</th><th>4</th><th>3</th><th>2</th><th>1</th></tr>
<tr><td rowspan="5">技术
(25 分)</td><td>作品运行稳定,没有出现明显的差错</td><td></td><td></td><td></td><td></td><td></td><td></td></tr>
<tr><td>脚本使用简洁,没有赘余</td><td></td><td></td><td></td><td></td><td></td><td></td></tr>
<tr><td>操作方便,易于控制</td><td></td><td></td><td></td><td></td><td></td><td></td></tr>
<tr><td>选用模块合理,不同内容的呈现及逻辑关系合理、清晰</td><td></td><td></td><td></td><td></td><td></td><td></td></tr>
<tr><td>作品与使用者之间有流畅的交互</td><td></td><td></td><td></td><td></td><td></td><td></td></tr>
<tr><td rowspan="5">创新
(25 分)</td><td>主题和表达形式新颖</td><td></td><td></td><td></td><td></td><td></td><td></td></tr>
<tr><td>内容创作注重原创性</td><td></td><td></td><td></td><td></td><td></td><td></td></tr>
<tr><td>构思巧妙,创意独特</td><td></td><td></td><td></td><td></td><td></td><td></td></tr>
<tr><td>软硬件交互设计合理,作品中连入传感器或其他外接设备</td><td></td><td></td><td></td><td></td><td></td><td></td></tr>
<tr><td>作品能引人遐想、让人意犹未尽或能引发思考</td><td></td><td></td><td></td><td></td><td></td><td></td></tr>
<tr><td colspan="7">总　　分</td><td></td></tr>
</table>

活动总结

(1) 结合自己的学习与理解,建立本单元知识之间的联系,完成本单元的知识结构图。

(2) 根据自己的掌握情况,填写知识能力评价表 (见表 2-9)。

表 2-9

学 习 内 容	掌 握 程 度		
	达　成	基本达成	未达成
了解数据与变量的概念			
了解数据的类型			
学会新建变量			
学会变量的运算			
学会程序的循环结构			

第3单元　结构与函数

程序可以被描述为可能的指令序列的集合。为了确定要执行哪行代码，程序使用诸如顺序、分支和循环等方式控制结构。程序常常需要多次重复相同的任务，为了化繁为简，通常会使用循环结构。有时循环内部还会嵌套循环，这就是多重循环，常见的有二重循环和三重循环。函数是一段可以被直接调用的程序，它同样也减少了重复编写程序的工作量，同时也提高了程序的可读性。

绘画是小学生特别感兴趣的活动。计算机绘画是学生接触信息技术学科后对绘画的新认知和体验。结合儿童节的节日背景，从画班旗入手，引导学生关注基本图形和组合图形，激发学生热爱集体的情怀，一起描绘节日绚烂的烟花和美丽的对称式中国建筑。通过搭积木的情境迁移，让学生理解多功能函数，体验 Scratch 的自制积木，实现自定义的搭积木式作画。“绘画大师”就是基于此设计的项目，它充分利用信息技术学科和 Scratch 编程的优势，为小学生搭建了一个功能丰富、满足需求、方便实用的程序作品，让孩子在描绘美好世界的同时，感受“绘画大师”的趣味和魅力。

在本单元的学习中，我们将借助 Scratch 编程认识结构与函数，理解函数、多功能函数与多重循环结构三者之间的相互关系，以“绘画大师”为主题开展项目活动，体验程序结构的魅力以及函数的作用和价值。

项　　目：绘画大师

项目目标

本单元应用程序设计中的“结构与函数”，完成程序设计作品“绘画大师”，在制作过程中逐步理解函数、多功能函数和多重循环结构，如图 3-1 所示。

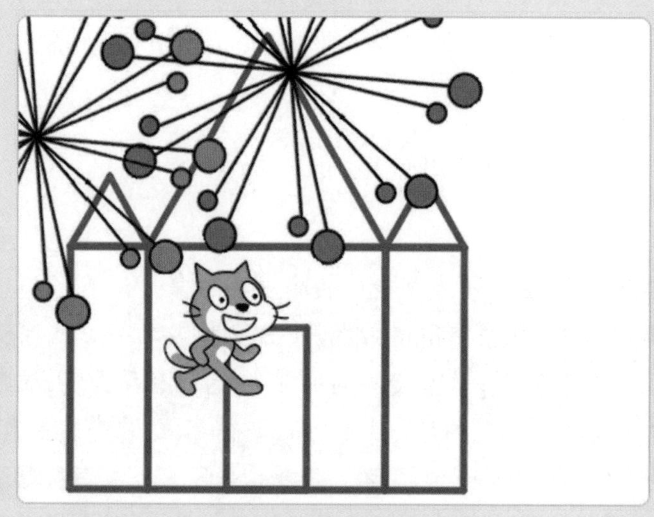

图　3-1

项目过程（见表 3-1）

表　3-1

设计思考	运用程序设计工具软件设计一个能够实现绘制基本图形、组合图形等体现儿童节绘画的软件作品
制作作品	运用程序设计工具软件制作常见的“绘画大师”程序，认识并运用结构与函数
改进优化	提出实现项目的新方法，完善作品
交流分享	开展作品交流与评价，分享制作作品的经验

项目总结

完成本单元项目后，各小组提交项目学习成果（包括思维导图、算法流程图、项目学习记录单等），开展作品交流与评价，体验小组合作、项目学习和知识分享的过程，认识编程在解决问题中的作用和在生活中的价值。

3.1 认识函数

项目情境

小清：六一儿童节快到了，让我们站在班旗下庆祝属于自己的节日吧。

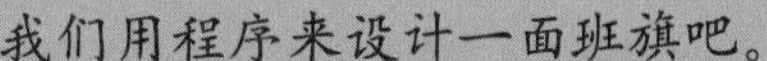

小华

知识介绍

函数

函数来源于数学，在计算机语言中，函数是指一段可以直接被另一段程序引用的程序，也叫作子程序或方法。在 Scratch 中，常将一些常用的功能模块编写成函数，以便反复调用。利用函数可以减少重复编写程序段的工作量，如图 3-2 所示。

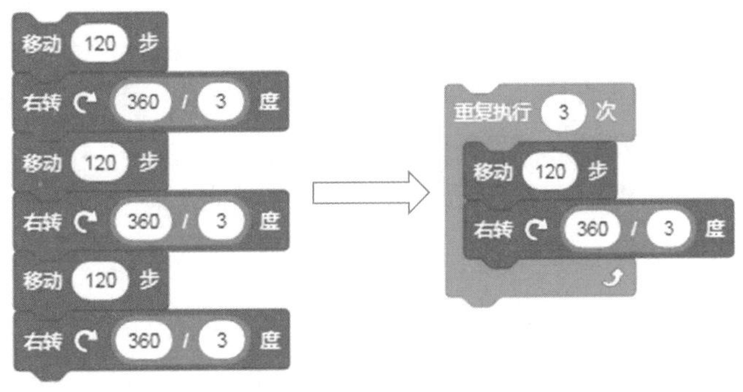

图　3-2

苏老师：在编程设计中，若要完成一个复杂的功能，我们总是会习惯性地把“大功能”分解为多个“小功能”，而每个“小功能”可以对应一个“函数”。因此，“函数”其实是一段实现了某种功能的脚本，且可以反复调用，从而使程序模块化。

体验探索

1. 画长方形

旗帜是一个长宽比为 3 : 2 的长方形，首先需要在舞台上画一个合适的长方形。

第 1 步：认识画笔。

单击“添加扩展”按钮 ，选择“画笔”模块，如图 3-3 所示。

图 3-3

“画笔”模块中的“落笔”控件，就像把一支隐形的笔交给小猫并落笔在舞台上，舞台上会留下默认的蓝色笔迹。

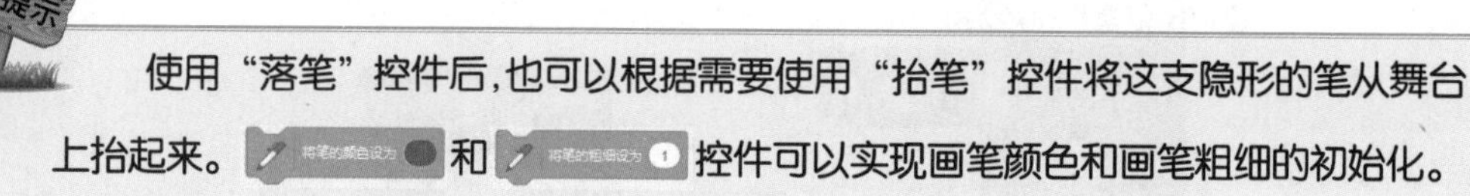

使用“落笔”控件后，也可以根据需要使用“抬笔”控件将这支隐形的笔从舞台上抬起来。 将笔的颜色设为 和 将笔的粗细设为 1 控件可以实现画笔颜色和画笔粗细的初始化。

第 2 步：编写程序。

如果以顺时针来作画，就要依次画出这个长方形的上边长、右边长、下边长、左边长，每画完一条边长，都要右转 90°继续作画。作画时，小猫需要一边移动一边落笔，使用“运动”模块中的“移动步数”和“右转”控件，并修改相应的数值，与“画笔”模块中的“落笔”控件组合放入脚本，如图 3-4 所示。

小清：我发现这个程序好长啊！

小华：仔细观察程序，可以简化哦。

小清：哇，程序果然变短了，看起来更一目了然。

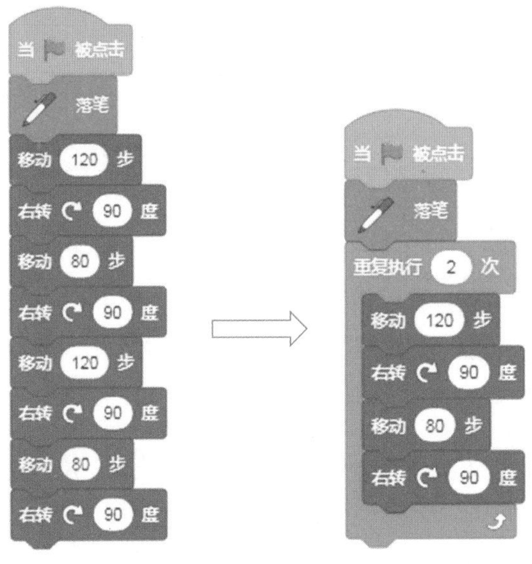

图 3-4

小贴士

画旋转的图形，旋转的都是外角，任意多边形的外角和等于 360°，所以在绘制正多边形时，旋转的角度是 360°除以正多边形的边数。

2. 画五角星

星光中队取义满天星光闪耀，一共有五颗星的设计，寓意五育并举全面发展。

操作：五角星是一种星形，它与长方形等多边形不一样，它的边相互交叉。在画五角星时，旋转的角度不再是 360°除以边数，而是 180°减去 180°除以角数的商。参照画长方形的程序，用“运算”模块中的“除法运算”控件和“减法运算”控件组合实现旋转角度的自动计算。因为五角星的边长和角度相等，所以修改“重复执行”次数为 5，如图 3-5 所示。

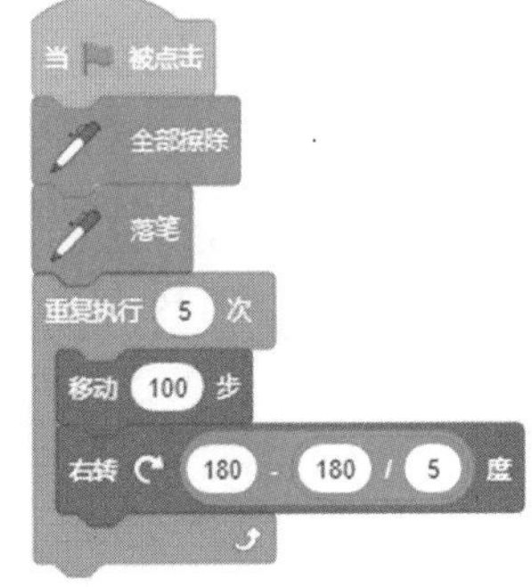

图 3-5

小清：我学会画五角星啦，如果要画多角星，只要把重复执行的次数和除数改成对应的角数就可以了吧？

小华：正多角星的角数为奇数才可以哦，以后你就知道为什么了。

小贴士

画正多边形时，旋转的角度为 360° ÷ 边数；画正多角星时，旋转的角度为 180° − 180° ÷ 角数。

交流与分享

（1）如果画正方形，相应的程序和画长方形有什么不同？

（2）你会画五边以上的正多边形吗？

（3）你会画正多角星吗？你能设计出其他图案的班旗吗？

拓展阅读

1. 正多边形

由相同长度的线段构成的多边形叫作正多边形。正多边形的所有边和所有角都相等。正多边形是凸的叫作凸正多边形；正多边形局部凸的叫作正星形多角形。各种正多边形的边数和外角如表 3-2 所示。

表 3-2

正多边形的种类	边数（角数、重复次数）	外角（旋转角度）
正三角形	3	120°
正方形	4	90°
正五边形	5	72°
正六边形	6	60°
……		
正 N 边形	N	360° / N

正三角形、正方形、正五边形如图 3-6 所示。

正三角形
外角 =360° ÷3=120°

正方形
外角 =360° ÷4=90°

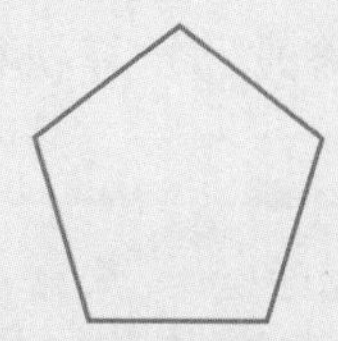

正五边形
外角 =360° ÷5=72°

图 3-6

2. 割圆术

出生于魏晋时期的刘徽利用圆内接无穷多正多边形逼近圆的方法，最终让这样的正无穷多边形和圆重合，得到了圆周率，如图 3-7 所示。这种颇具创造性的无限思想从实际出发，将原来的数学问题简化，还可以满足数学实际需求。

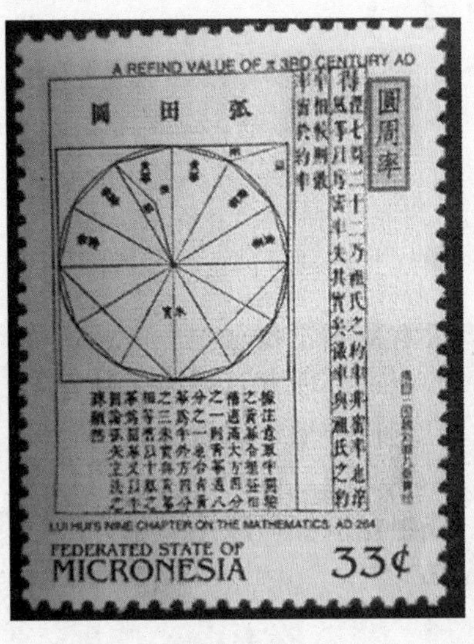

图 3-7

实践活动

尝试制作正三十六边形，并进行讨论交流。

本节学习的控件如表 3-3 所示。

表 3-3

控　　件	功　　能
落笔	落下画笔，此后画笔移动时会绘制出轨迹
移动 10 步	移动 ×× 步（数字为正向右，数字为负向左）
右转 ↻ 15 度	右转 ×× 度
( ) / ( )	数学运算：除法 / 两数相除
( ) - ( )	数学运算：减法 / 两数相减
重复执行 10 次	循环 ×× 次

3.2 多重循环

项目情境

小清

儿童节有甜美的糖果点心、精彩的游乐项目，还有绚烂的节日烟花（见图 3-8）。

小华

让我们用神奇的画笔定格成一幅缤纷的节日画卷吧！

图 3-8

知识介绍

1. 循环结构

程序结构有三种，分别是顺序结构、循环结构、分支结构。循环结构是指在程序中需要反复执行某个功能而设置的一种程序结构。它根据循环体中的条件，判断是继续执行某个功能还是退出循环。在 Scratch 中，循环结构主要使用“控制”模块中的

控件。

2. 多重循环

如果循环语句的循环体中又出现循环语句，就构成了多重循环结构。常用的有二重循环和三重循环。在多重循环中，先执行外循环，再执行内循环。内循环执行完相应的次数后返回外循环。看程序时应先从上往下看，再从里往外看。

体验探索

1. 舞台生花

使用一些简单的图形就可以做出比较真实的烟花效果。

第 1 步：设计烟花。

把烟花看成一朵花，用绘制角色的方法画一片花瓣，并设置中心。

在角色资料区中绘制角色“烟花花瓣”，并根据需要把小猫删除，如图 3-9 所示。

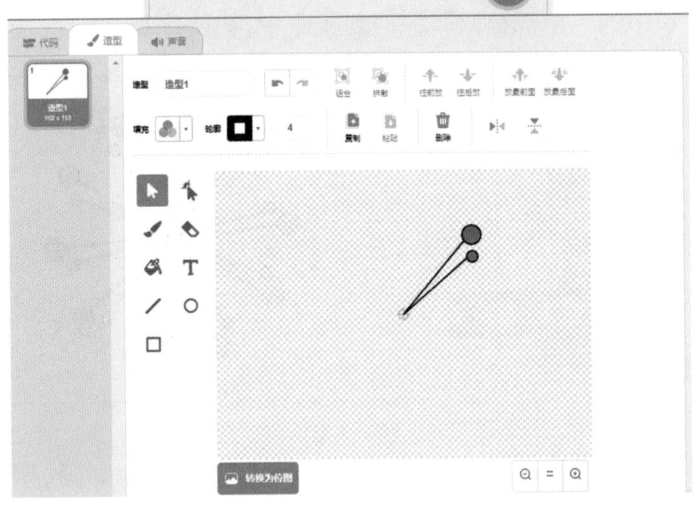

图　3-9

> **小贴士**
>
> 造型中心，是指角色的中心位置。造型中心控制着角色旋转时的中心点，即可使角色绕着这个中心点旋转。绘制角色时可以根据需要调整造型中心的位置，角色库中角色的造型中心默认是在角色的中心位置。

第 2 步：认识图章。

在“画笔”模块中，除了“落笔”控件可以在舞台上留下笔迹，“图章”控件也可以。不同的是，“图章”控件是把角色本身的样子当作图章留在舞台上，就像我们平时玩的印章一样。

画笔效果是通过落笔和抬笔等操作记录角色在进行各种运动时留下的痕迹来实现的。"抬笔"控件是关闭画笔记录，不再显示轨迹。

苏老师：使用"图章"控件的优点是"操作方便，显示效果好"，但需要注意在重复动作前应先确定好角色的位置，因为使用图章生成的角色不能移动和修改。

第 3 步：按键生花。

模仿画长方形，并使用"图章"控件和"事件"模块中的"当按下空格键"控件搭建形成完整的烟花脚本，并根据需要合理修改旋转的度数和重复执行的次数。一般来说，烟花的瓣数就是重复执行的次数，烟花旋转的角度就是360°除以瓣数所得的商。拖动"画笔"模块中的"全部擦除"控件到程序中，初始化画笔状态，如图 3-10 所示。

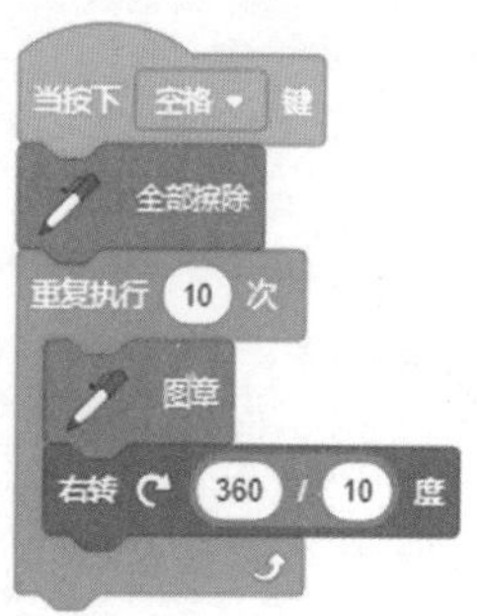

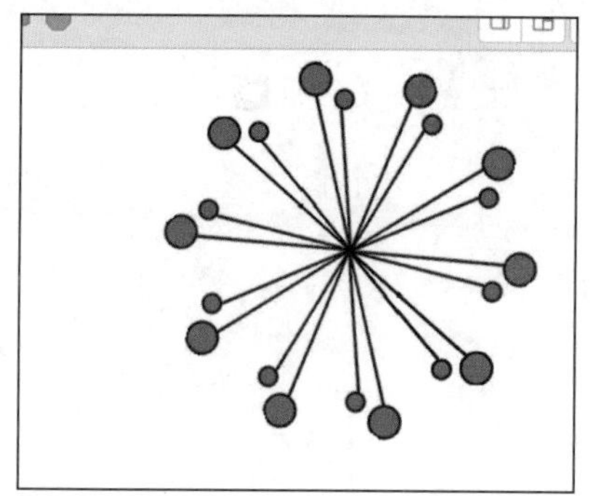

图 3-10

2. 烟花朵朵

小清：现在舞台上只有一朵烟花，如果想让舞台上出现许多朵烟花，该怎么做呢？

小华：可以用随机函数改变烟花的位置，如果是程序随机设定则更方便。

第 1 步：一键双花。

将"运动"模块中的"移到随机位置"控件拖动到脚本末尾，表示画完一朵烟花后移动到随机位置。再拖动"控制"模块中的"重复执行几次"控件，放在原来重复执行的外面，并修改次数为 2，就可以画出两朵烟花，如图 3-11 所示。

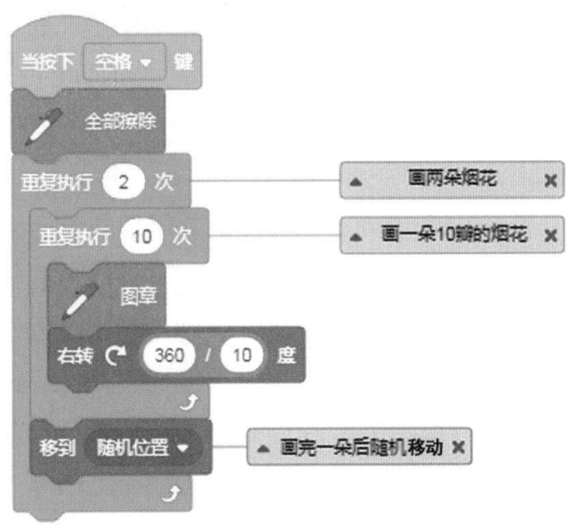

图　3-11

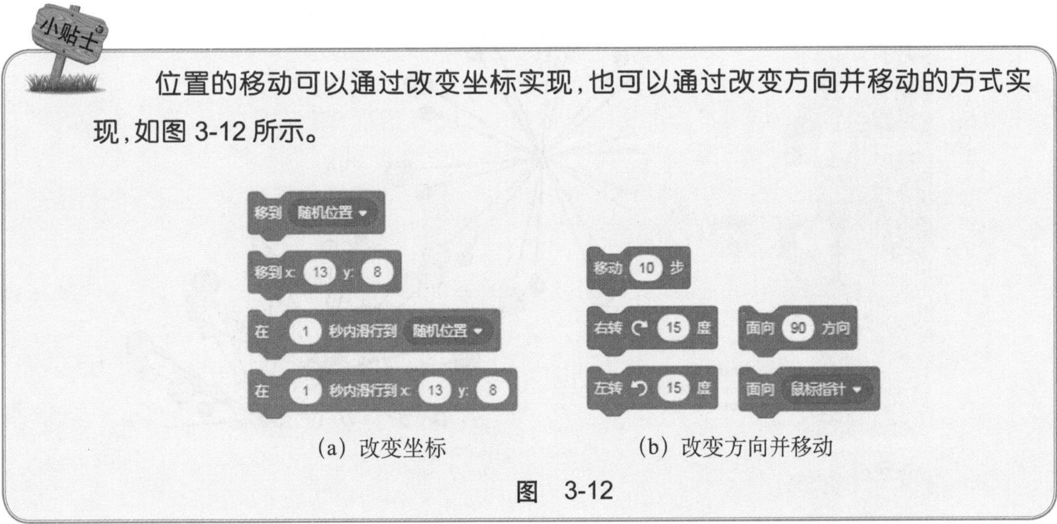

位置的移动可以通过改变坐标实现，也可以通过改变方向并移动的方式实现，如图 3-12 所示。

(a) 改变坐标　　(b) 改变方向并移动

图　3-12

小清：如果要出现很多烟花，重复执行的次数应该是多大呀？

小华：这个简单，“控制”模块中还有“重复执行”控件呢，用它就可以。

小清：我发现舞台很快就被烟花填满了，怎么办？

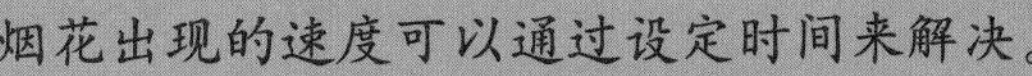

小华：烟花出现的速度可以通过设定时间来解决。

将“控制”模块中的“等待 1 秒”控件拖动到内层“重复执行”控件的后面，这就表示在下一朵烟花出现之前需要先等待 1 秒，等待时间的长短可以根据需要合理修改。

第 2 步：烟花绚烂。

烟花是由“画笔”模块中的图章形成的，要实现烟花绚烂的效果，就需要设定角色本身的颜色特效。改变颜色的控件在脚本中的位置不同，烟花绚烂的效果也会不同。

将外观模块中的“将颜色特效增加”控件拖动到合适的位置，对比放在内层“重复执行”控件的后面和内层“重复执行”控件的里面有什么不同，如图 3-13 所示。也可以根据需要将“颜色特效设定为”控件拖动到“当按下空格键”控件之后，初始化颜色。

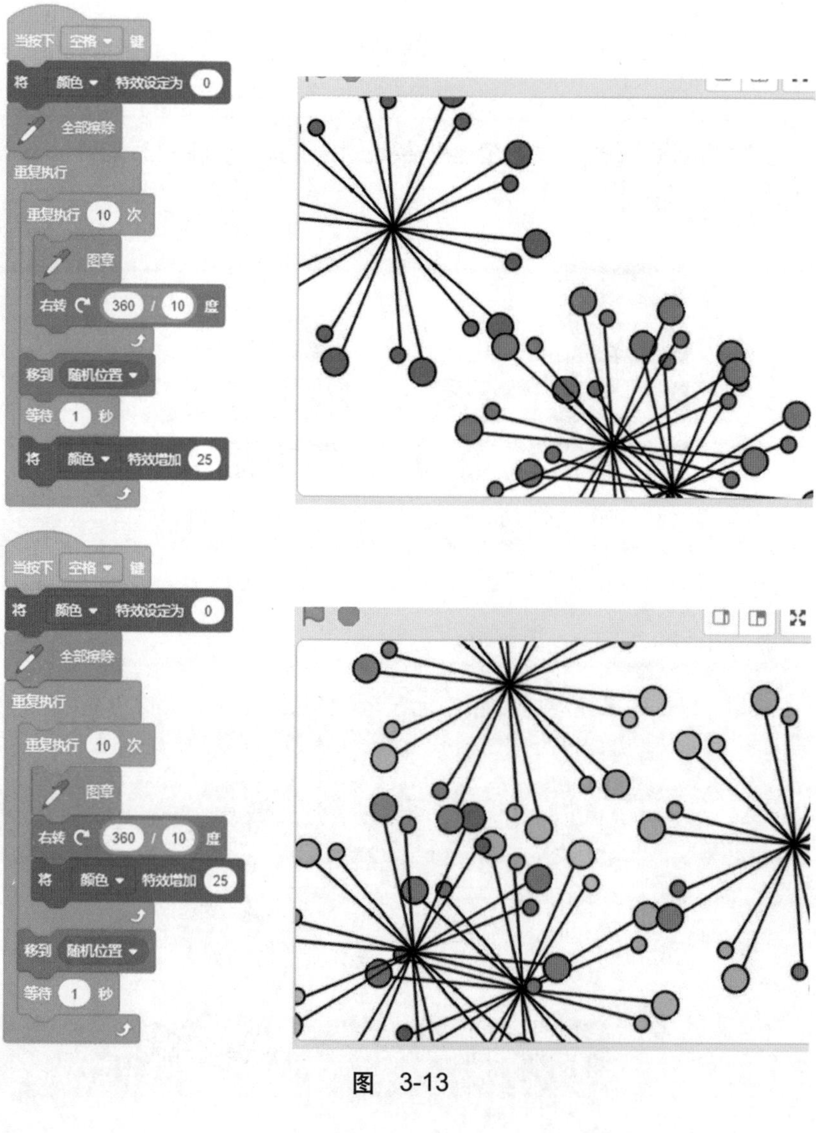

图 3-13

小清

我发现烟花绽放后不会消失，但如果把全部擦除放在内层重复执行的后面，舞台上其他的烟花也消失了。这是怎么回事呢？

"画笔"模块中的"全部擦除"控件擦除的是舞台上所有的笔迹，也就是所有的烟花，所以用"全部擦除"控件没办法实现每一朵烟花单独消失。如果要实现每一朵烟花单独消失，就需要用"图章"控件以外的其他控件来搭建程序，比如"克隆"控件。

苏老师

交流与分享

(1) 你能说一说"落笔"控件和"图章"控件的区别吗？

(2) 比一比谁的烟花最漂亮？（五彩缤纷、大小各异……）

(3) 如果再加一层重复执行，会有什么样的效果？

本节学习的控件如表 3-4 所示。

表　3-4

控　　件	功　　能
当按下 空格 ▾ 键	按下空格键，执行下面的程序
全部擦除	清除舞台上所有画笔和图章的轨迹
图章	将角色印在舞台上
将 颜色 ▾ 特效增加 25	将角色的颜色特效增加 ××
将 颜色 ▾ 特效设定为 0	将角色的颜色特效设为 ××
移到 随机位置 ▾	移到舞台上的随机位置

3.3 多功能函数

项目情境

儿童节时的校园格外美丽，是一座快乐城堡。

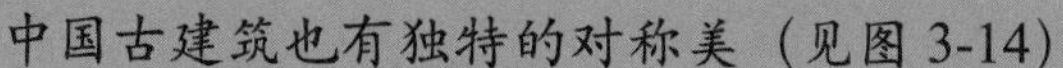

图 3-14

知识介绍

1. 组合图形

组合图形是由基本图形组成的，可以通过积木块定义它们。基本图形有平面图形和立体图形两类。平面图形包括三角形、平行四边形、正方形、长方形、菱形、圆形等（见图 3-15），立体图形包括圆柱、圆锥、长方体、正方体、球体等（见图 3-16）。

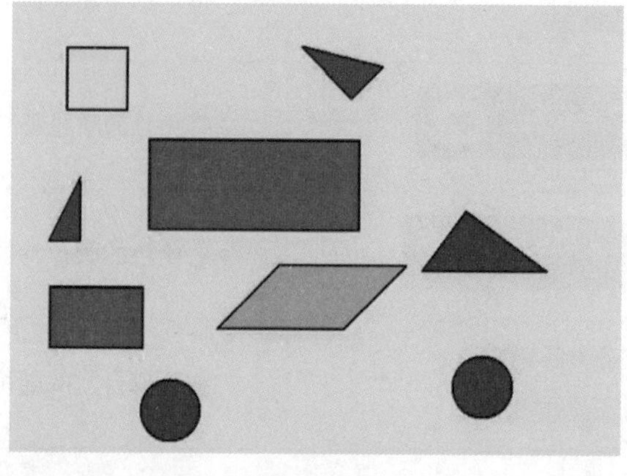

图 3-15

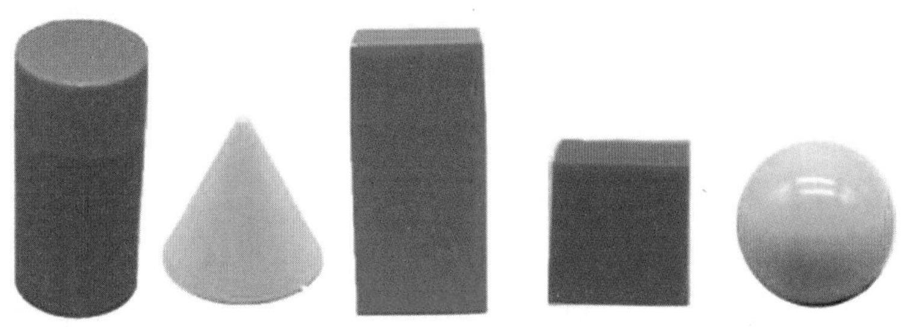

图 3-16

2. 多功能函数

Scratch 中没有“函数”模块，需要通过“自制积木”模块制作一个新的积木，让这个积木块能够包含需要反复用到的程序控件。通过调用这个新积木来代替需要重复用到的一堆控件。

在定义函数时，预留一个空值，然后在调用函数时，根据需要填补这个空值。比如，定义一个“画一个边长为 n 的正方形”的函数，并在下方搭建好画正方形的程序脚本，在调用这个函数时，给它的参数传递数字 5，如图 3-17 所示，那就是“画一个边长为 5 的正方形”。

图 3-17

体验探索

1. 自制积木

绘制古建筑时，我们可以把古建筑的外形特点提取出来，使用三角形、长方形、正方形等基本图形组合成古建筑的形状(见图 3-18)。在绘画时，由于古建筑具有对称性，相同的部分可以利用函数来创建。在 Scratch 中没有现成的函数模块，需要通过自制积木的方法来自定义函数。

图 3-18

第 1 步：拆解图形。

古建筑由中间的主体结构和两边对称的副体结构组成。主体由一个大三角形（边长为 180）、一个正方形（边长为 180）、一个小长方形（长为 120，宽为 60）组成。单个副体由一个小三角形（边长为 60）、一个大长方形（长为 180，宽为 60）组成。这样由多种基本图形(三角形、长方形、正方形)组成的图形称为组合图形。

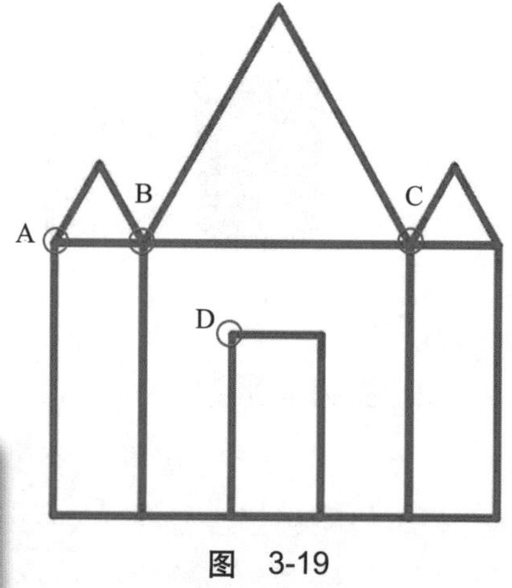

图 3-19

小清：要想画古建筑，可以像我这样从 A 点到 B 点再到 C 点、D 点，按照整体从左往右的顺序画（见图 3-19）。

小华：我发现不论按哪种顺序，在画古建筑的过程中都需要多次用到三角形、长方形、正方形，我们可以把画基本图形的积木组合起来，形成积木块。

第 2 步：定义积木。

自制积木其实就是自定义函数，它可以方便我们反复调用，化繁为简。

单击“自制积木”模块，选择“制作新的积木”按钮，开始制作新的积木，如图 3-20 所示。

在积木上的框中输入名称，作为新积木的名字，如长方形。

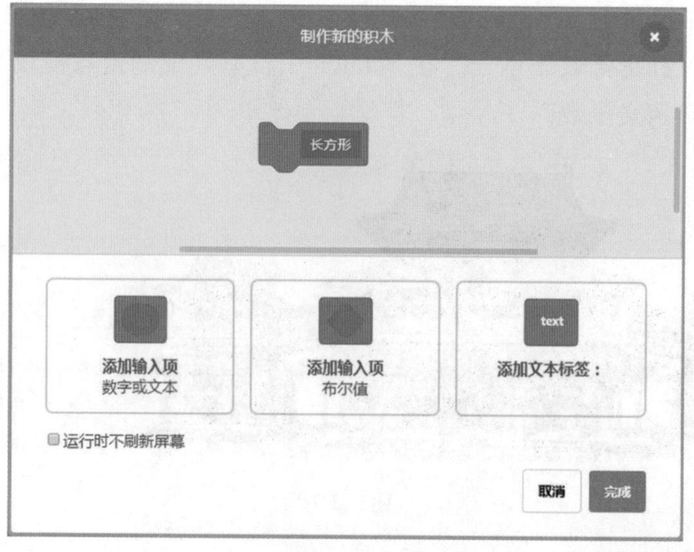

图 3-20

自制积木中可以添加三种参数，如图 3-21 所示。

(a) 数字或文本——参数

(b) 布尔值——参数

(c) 标签——描述积木的功能

图　3-21

例如，画一个边长为 m 的 n 边形 积木中分别对应标签、数字参数、标签、数字参数、标签，它表示画一个边长为 m 的 n 边形，其中 m 和 n 就是数字参数。当 m 和 n 取不同的值时，画出的图形如图 3-22 所示。

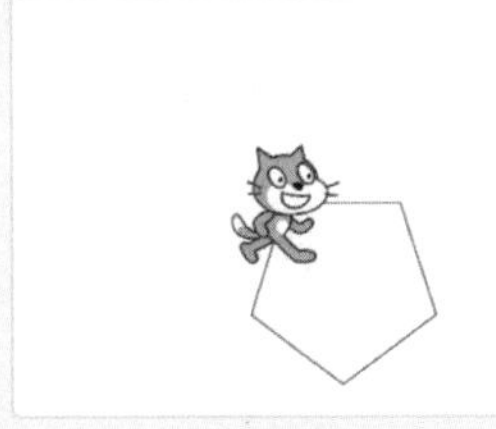

m:100，n:5

m:100，n:7

m:50，n:7

图　3-22

单击“完成”按钮，“自制积木”模块中就有了一个名为“长方形”的控件，脚本区也会自动出现定义“长方形”，在它的下方可以搭建出画长方形的程序脚本，如图 3-23 所示。

按照同样的方法，可以分别定义出小三角形、正方形、大三角形、小长方形积木，如图 3-24 所示。

小组讨论：为什么需要增加“抬笔”控件？

拆分古建筑图形，用自制积木来绘画很厉害吧，以后你会用它了吗？

有个自制积木，以后我可以画出更多、更复杂的组合图形啦。

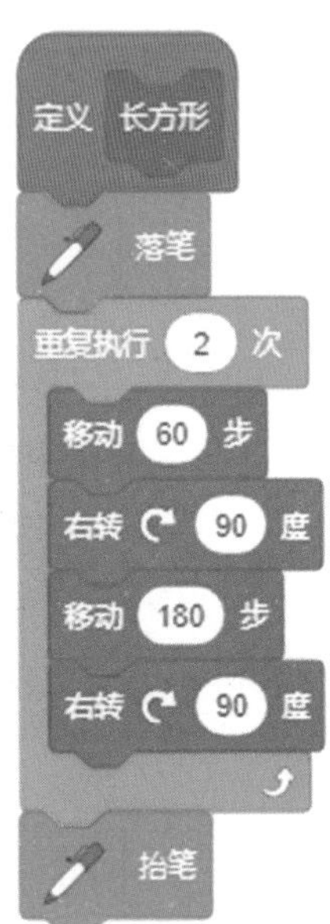

图　3-23

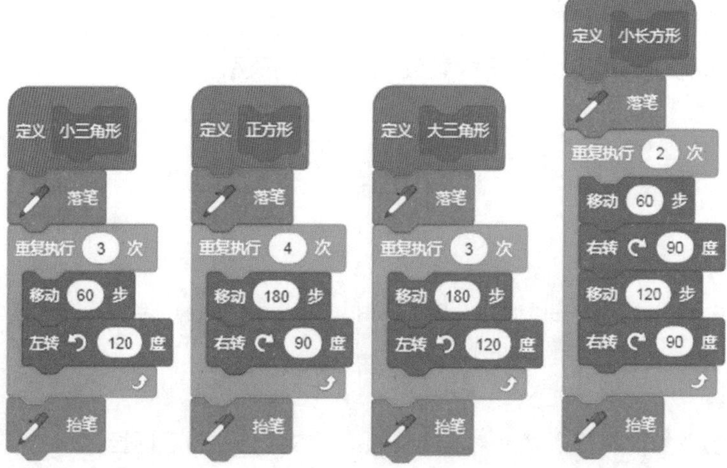

图 3-24

2. 调用积木

第 1 步：初始化画笔。

确定画笔起始位置，调整好画笔的粗细和颜色。

拖动“运动”模块中的“移到 x、y”控件，放到“当绿旗被点击”控件后面，确定画笔起始位置。

第 2 步：画笔移位。

调整画笔方向，按从左往右、自下而上的顺序画出完整的古建筑。

（1）画左侧副体。画笔从 A 点顺时针画完长方形再画小三角形，最后回到 A 点。拖动“自制积木”模块中的“长方形”控件和“小三角形”控件放到程序后面，如图 3-25 所示。

图 3-25

画笔从 A 点向右位移 60，到达 B 点。拖动“运动”模块中的“移动 X 步”控件放到程序后面。

（2）画中间主体。画笔从B点顺时针画完正方形再画大三角形，最后回到B点。拖动“自制积木”模块中的“正方形”控件和“大三角形”控件放到程序后面，如图3-26所示。

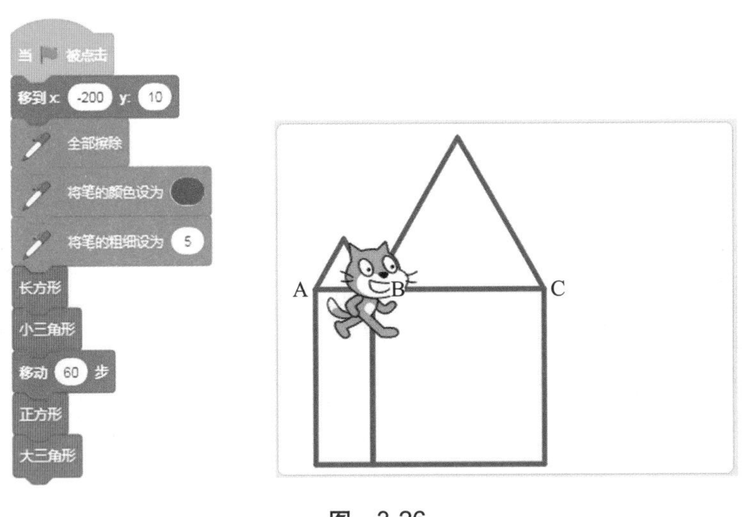

图　3-26

画笔从B点向右位移180，到达C点。拖动“运动”模块中的“移动X步”控件放到程序后面。

（3）画右侧副体。画笔从C点顺时针画完长方形再画小三角形，最后回到C点。拖动“自制积木”模块中的“长方形”控件和“小三角形”控件放到程序后面，如图3-27所示。

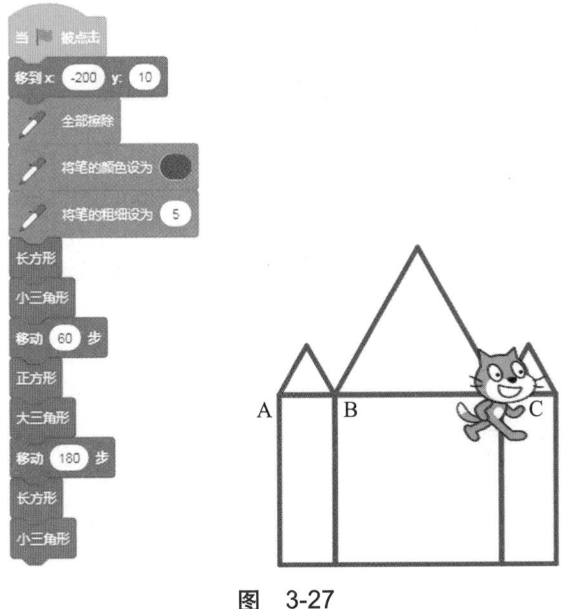

图　3-27

画笔从C点向下位移60再向左位移120,到达D点。拖动“运动”模块中的“面向X方向”控件和“移动X步”控件并组合放到程序后面。

(4)画古建筑门。画笔从D点顺时针画完小长方形,回到D点。拖动“自制积木”模块中的“小长方形”控件放到程序后面,如图3-28所示。

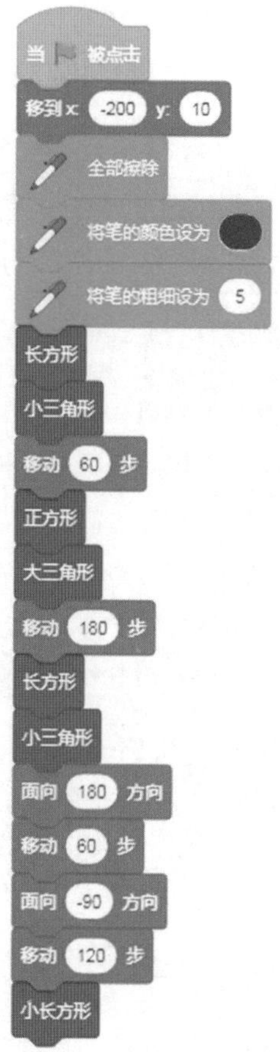

图 3-28

画得不错哦,不过我可以比你更快。

小华

小贴士

当需要重复用到两个图形时,比如绘制古建筑左、右两侧的副体时,可以把形成副体的两个图形(小三角形、长方形)看作一个基本图形,新建一个新的积木块,如图3-29所示。

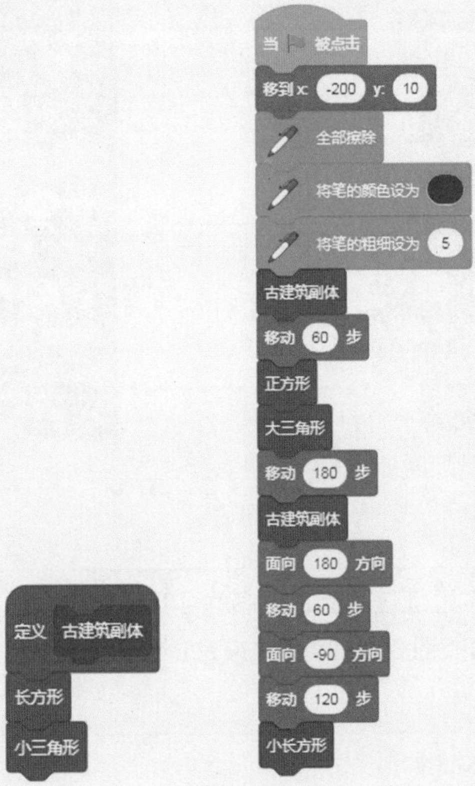

```
当 🏳 被点击
移到 x: -200 y: 10
全部擦除
将笔的颜色设为 ●
将笔的粗细设为 5
古建筑副体
移动 60 步
正方形
大三角形
移动 180 步
古建筑副体
面向 180 方向
移动 60 步
面向 -90 方向
移动 120 步
小长方形
```

```
定义 古建筑副体
长方形
小三角形
```

图　3-29

小清：古建筑的门怎么画歪了呢？

小华：我知道了，从 C 点到 D 点，小猫的方向发生了从右到左的改变，我们需要把小猫的方向调整回向右才行。

小清：哎呀，那是不是主程序要修改很多呀？

小华：不会的，古建筑的门是调用了小长方形积木完成的，我们只需要修改小长方形积木就可以啦！

如图 3-30 所示，将“运动”模块中的“面向（）方向”控件加入小长方形积木的定义程序中即可。

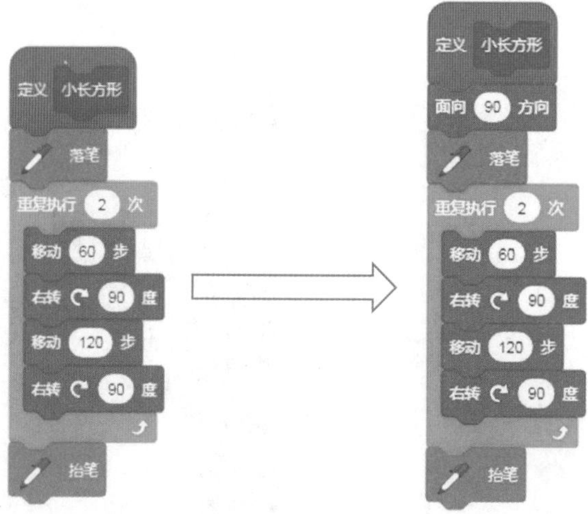

图 3-30

小贴士

有了自制积木后，画古建筑的顺序就可以自由调整了。可以从右往左，也可以自上而下，甚至是更个性化地调用积木来完成绘画，只要确定好画笔移位的关键坐标点就可以。

这时“绘画大师”程序就完成了。单击绿旗运行脚本，看一看是否实现了你的想法。

交流与分享

(1) 你能说一说自定义函数的作用吗?

(2) 你还能用自定义函数实现哪些功能呢?

(3) 学习了自制积木后，你现在可以画出标准的五星红旗了吗?

(4) 想一想，这种化繁为简的模块化思维，还可以帮助我们简化生活中的哪些问题?

拓展阅读

运行时不刷新屏幕

如图 3-31 所示，在 Scratch 中自制积木时，两个积木之间都存在着极短的等待时间，勾选“运行时不刷新屏幕”复选框后，新建的这个积木中所包含的积木之间将没有等待时间，自制积木将会运行得更快速。但是，如果这个自制积木中包含“播放声音”之类的积木，那么声音的播放可能会失真。

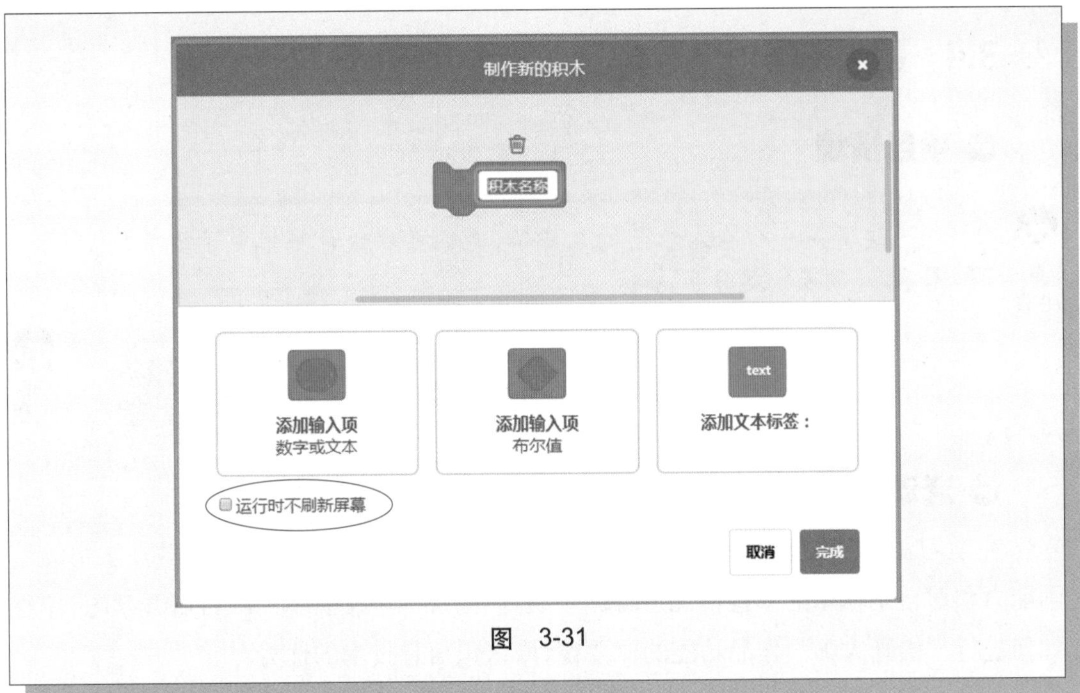

图　3-31

本节学习的控件如表 3-5 所示。

表　3-5

控　　件	功　　能
移到 x: -200 y: 10	移到（X，Y）坐标点
移动 60 步	移动 ×× 步
面向 90 方向	面向 ×× 方向 (90 表示向右，180 表示向下，−90 表示向左，−180 表示向上)
定义 长方形	自制画图形的积木，并定义
将笔的颜色设为	将画笔颜色设为 ×× 色
将笔的粗细设为 5	将画笔粗细设为 ××

3.4 函数拓展

项目情境

这真是一个令人难忘的儿童节，我们可以设计一张电子贺卡，与家人、朋友一起分享。

当然可以，我们一起来完成吧。

活动目标

在学习制作“绘画大师”作品的基础上，用项目式学习的方式，对本班学生的绘画能力和对自制积木的掌握情况进行调查统计，围绕“电子贺卡”项目展开学习，体验如何进行“绘画大师”作品功能的概要设计，认识信息技术的优势。

活动准备

了解项目整体概况，通过对已有班级作品的实际体验分析本班同学的绘画能力；开展头脑风暴，进行可行性分析，明确项目活动的要求、成果的形式，合理组建活动小组，进行阶段性分工规划，共同协作完成项目任务。

活动过程

1. 快乐分组

讨论以下问题并完成分组，填写表 3-6。

(1) 你最想与谁分享？

(2) 六一儿童节有什么事情让你很难忘？

(3) 你想在电子贺卡上呈现什么内容？

表 3-6

组　名	组　员	我们的本领	我们的分工	我们的想法
		3 : 2 长方形		
		五角星		
		正多边形		
		烟花		
		古建筑		

2. 头脑风暴

讨论“电子贺卡”项目的任务、预期成果、各阶段具体活动、计划完成时间、预计各阶段活动成果及负责人，填写项目计划表（见表3-7），完善项目整体规划方案。

表　3-7

一、项目基本情况					
项目名称			项目组长		
项目成员					
项目目标					
预期成果	个人：				
	团队：				
项目可行性分析（对本项目将产生的作用及为此花费的人力、物力、财力进行描述，预计开展项目时可能会面临的挑战和解决办法）					
二、项目规划					
项目执行阶段	计划用时	项目活动	预计活动成果	负责人	所需资源
项目准备阶段					
项目实施阶段					
项目验收阶段					

交流与分享

看完别人的作品，是不是觉得自己的作品还有许多地方需要修改呢？别着急，先问一问自己以下几个问题，然后再进行修改。

（1）你觉得你的“绘画大师”在哪一方面还可以提升？

（2）你的作品功能是否完整？

（3）你的程序还可以优化吗？（删去烦琐的步骤，重新设计作品）

（4）你还能设计其他的组合图形吗？（修改作品，解决生活中的实际问题）

对本小组的作品进行评价，填写作品评价表（见表3-8）。

表 3-8

作品名称：							
小组成员：							
使用说明：本评价表通过构思、美观、技术、创新四个评价要素对作品进行评估。总分为 100 分，每个维度占 25 分。采用 5 分制的评分标准，评价者根据评价标准对作品进行评分，5 分为最高，1 分为最低。作品所得总分 85 ~ 100 分为优秀，70 ~ 84 分为良好，60 ~ 69 分为一般，0 ~ 59 分为不够完善。							
评价要素	评 价 标 准	评价分数					合计
		5	4	3	2	1	
构思 (25 分)	主题明确，作品完整，比如是一个有情节的故事，或者是一个完整的游戏等						
	文字、舞台背景、角色切合作品主题内容，配合适当，能够清晰地表达主题						
	文字、图片、声音等素材丰富						
	作品有趣且吸引人						
	作品运行时的操作有相应的说明						
美观 (25 分)	界面布局合理，整体风格统一						
	色彩搭配协调，视觉效果好						
	文字颜色和大小搭配适宜，易于阅读						
	舞台背景和角色美观、清晰，易于查看						
	作品能反映出小组一定的审美能力						
技术 (25 分)	作品运行稳定，没有出现明显的差错						
	脚本使用简洁，没有赘余						
	操作方便，易于控制						
	选用模块合理，不同内容的呈现及逻辑关系合理、清晰						
	作品与使用者之间有流畅的交互						
创新 (25 分)	主题和表达形式新颖						
	内容创作注重原创性						
	构思巧妙，创意独特						
	软硬件交互设计合理，连入传感器或其他外接设备						
	作品能引人遐想、让人意犹未尽或能引起思考						
总　分							

活动总结

（1）结合自己的学习与理解，建立本单元知识之间的联系，完成本单元的知识结构图。

（2）根据自己的掌握情况，填写知识能力评价表（见表 3-9）。

表 3-9

学习内容	掌握程度		
	达成	基本达成	未达成
了解函数与自定义函数的概念			
学会程序的多重循环结构			
学会自定义函数			
理解并学会调用函数			
理解参数			

第 4 单元　对象与交互

对象就是客观世界中存在的人、事、物体等实体在计算机逻辑中的映射。计算机的发展实现了机器与人类的交互,人们可以看到显示器显示的内容,可以通过敲击键盘告诉计算机应该计算的内容,而图形界面的产生使得人们可以通过鼠标将他们的想法反馈给计算机,现在我们也可以用触控板对笔记本电脑的内容进行反馈。交互是指参与活动的对象可以相互交流,进行双方面的互动。日常生活中人和产品的交互无处不在,比如人在开车驾驶时,可以通过刹车和油门控制车辆行驶,同时可以通过仪表盘查看数据。

随着科技的不断进步,信息时代产生了更多的数字化产品,这在提升产品功能性的同时也大大改善了用户体验。对着屏幕在空中挥一挥手,切水果、打球这些游戏都能轻松驾驭,还可以锻炼身体,如果再加上几个跳跃,就可以驾驶一艘快艇穿越激流险滩,享受冒险的乐趣……这些就是交互在游戏中的应用。

本单元使用 Scratch 制作一个小游戏,帮助同学们了解程序中的对象和交互,了解对象的种类、交互的方式和目的,感知交互设计在程序中的作用。

项　　目：冒险迷宫

项目目标

本单元应用程序设计中的“对象与交互”，完成程序设计作品——“冒险迷宫”游戏，如图 4-1 所示。在制作过程中理解“交互”，并了解优化程序的方法和过程。

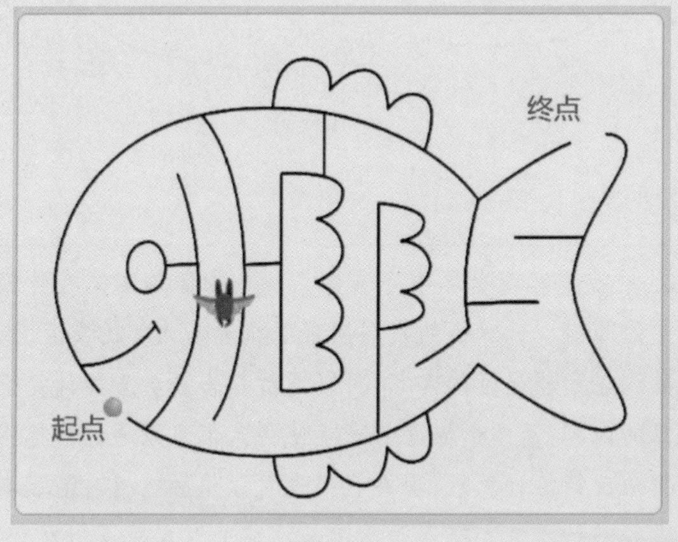

图　4-1

项目过程（见表 4-1）

表　4-1

设计思考	运用程序设计工具软件设计小游戏——冒险迷宫，设计场景、角色和任务，通过完成游戏中的任务过关
制作作品	运用程序设计工具软件制作游戏场景、角色和任务
改进优化	进行程序优化，对程序进行比较、修改、调整
交流分享	开展作品交流与评价，分享制作作品的经验

项目总结

完成本单元项目后，各小组提交项目学习成果（包括思维导图、算法流程图、项目学习记录单等），开展作品交流与评价，体验小组合作、项目学习和知识分享的过程，认识编程在解决问题中的作用和在生活中的价值。

4.1 认识对象

项目情境

小清：编程除了能帮助我学习，能不能制作游戏让我在课余时间放松一下呢？

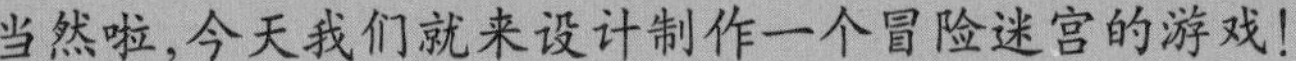

小华：当然啦，今天我们就来设计制作一个冒险迷宫的游戏！

知识介绍

1. 计算机游戏

计算机游戏是游戏的一种，是随着个人计算机的产生而出现的一种由个人计算机程序控制的、以益智或娱乐为目的的游戏。游戏的种类有很多，比如角色扮演游戏、动作游戏、冒险游戏、策略游戏、射击游戏、益智游戏等。

2. 对象

在软件系统中，对象可以是一个变量、一个数据结构，或是一个函数。对象具有唯一的标识符，它包括属性（properties）和方法（methods）。游戏中的对象包括游戏里的角色、场景、音乐等。

3. 迷宫

人类建造迷宫已有几千年的历史。这些奇特的建筑物吸引人们沿着弯弯曲曲、困难重重的小路吃力地行走，寻找出口。在游戏中，迷宫一般是藏有各式各样谜题或宝藏的危险区域，迷宫内可能会有恶毒或凶猛的生物徘徊，也可能会有陷阱、不明设施、遗迹等，如图 4-2 所示。

图　4-2

体验探索

大家都玩过迷宫游戏吗？迷宫游戏可谓是一个斗智斗勇的游戏。游戏需要有游戏对象和游戏规则。我们首先来创建游戏对象。

创建游戏对象

游戏中有三个对象，分别是迷宫背景图、冒险角色和干扰角色。

第 1 步：设置迷宫背景图。

迷宫背景是整个游戏中的特色和亮点，可以用绘制的方式画出迷宫的背景。如果需要更加漂亮的舞台设计，可以在其他绘图软件中制作后导入。

将鼠标移动到舞台下方的“背景”按钮上，在弹出的选项中选择“上传背景”，就会出现如图 4-3 所示的界面，选中所需的迷宫背景图，单击“打开”按钮，背景图就会导入舞台。

图 4-3

背景图导入后需要进行调整，以适应舞台的大小。单击“转换为矢量图”按钮，背景图的四周就会出现调节大小的控制点，当鼠标移动到控制点上且鼠标形状变为⟷时拖动，将背景图调整至合适的大小，如图 4-4 所示。

选择文字工具，分别标记好“起点”和“终点”，如图 4-5 所示。

小贴士

设计迷宫背景时，如果你有足够的耐心或者喜欢绘画，那么自己绘制一个类似图 4-5 所示的迷宫也不是很困难，但是需要保证起点和终点之间至少有一条通路。

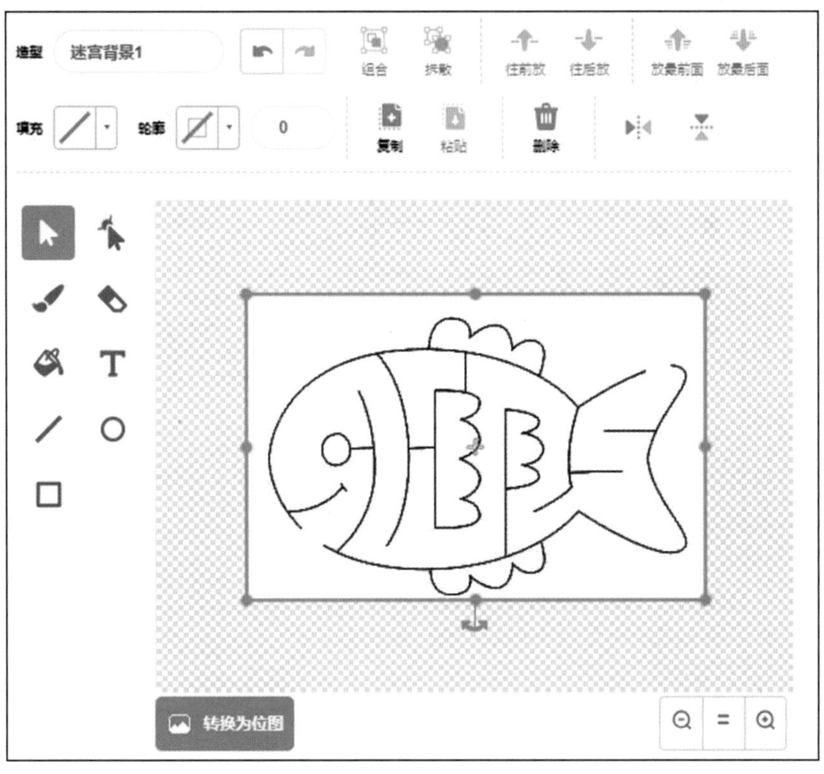
造型
迷宫背景1
组合
拆散
往前放
往后放
放最前面
放最后面
填充
轮廓
0
复制
粘贴
删除
转换为位图

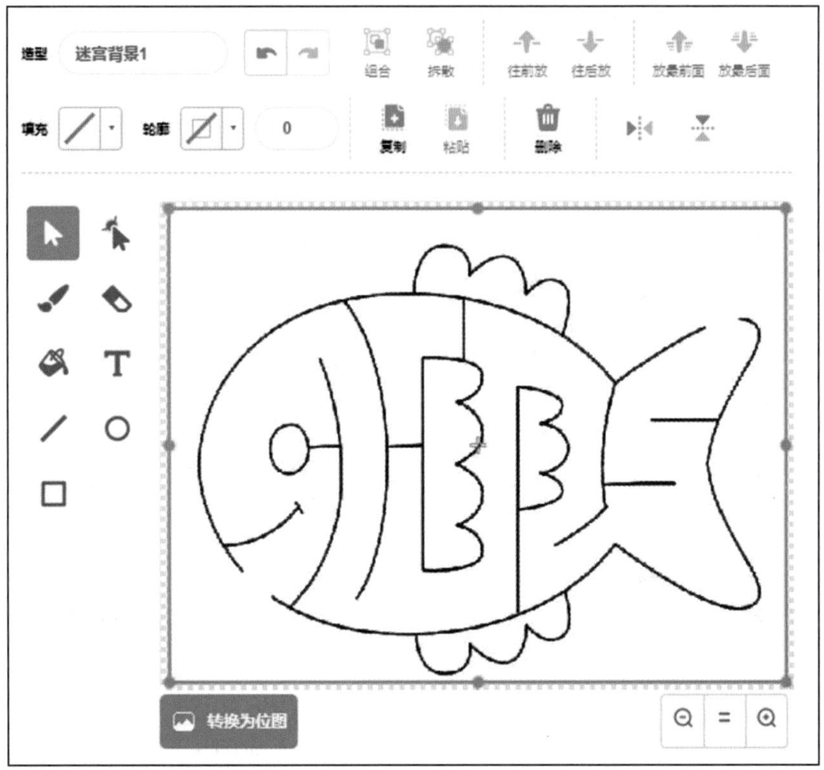
造型
迷宫背景1
组合
拆散
往前放
往后放
放最前面
放最后面
填充
轮廓
0
复制
粘贴
删除
转换为位图

图 4-4

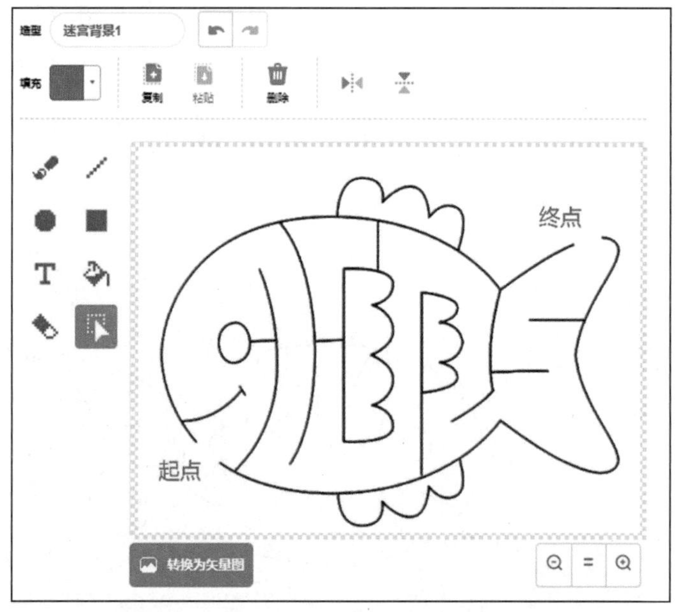

图 4-5

第 2 步：设置冒险角色。

选择一个冒险角色，我们将控制这个角色来进行冒险。

将鼠标移动到角色窗口右下角的图标处，在弹出的菜单中单击“选择一个角色”，会出现软件提供的角色库，如图 4-6 所示。

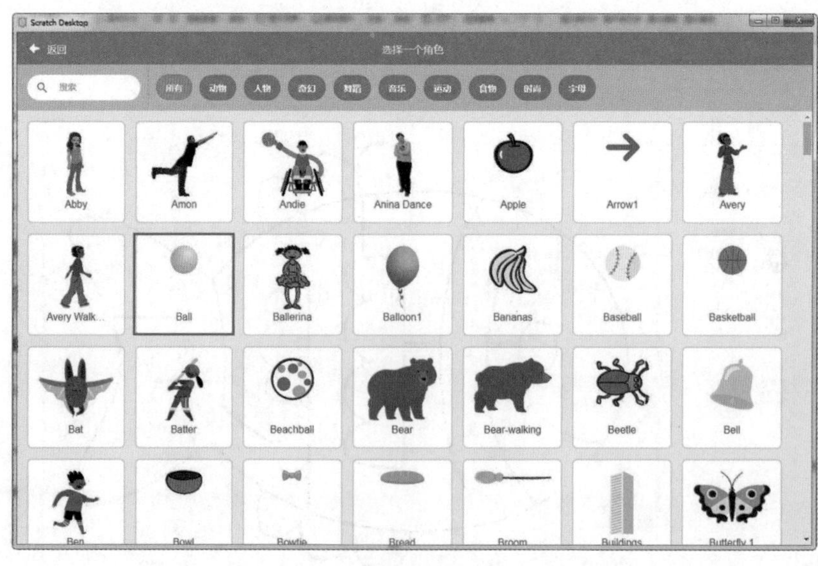

图 4-6

选择 Ball 作为冒险对象，修改大小为 30，并将角色拖动至起点处，将舞台中原有的角色删除，如图 4-7 所示。

图　4-7

第 3 步：设置干扰角色。

在游戏的过程中，干扰角色的作用是阻碍冒险角色通过迷宫。

仿照冒险角色的选择，选择 Bat 作为干扰角色，并将角色的大小改为 30，拖动到迷宫中的任意位置，如图 4-8 所示。

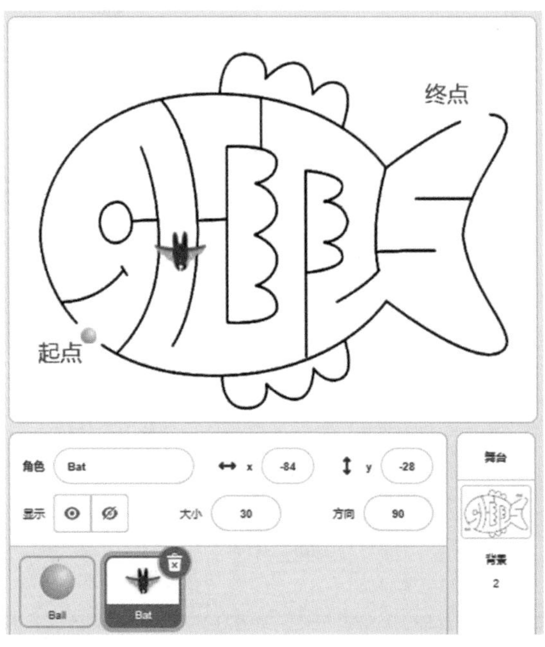

图　4-8

交流与分享

(1) 设计并绘制自己的冒险角色和干扰角色。

(2) 你能说一说这个游戏中有哪些对象吗?

(3) 这个游戏中还可以增加什么对象?

拓展阅读

对象就是客观世界中存在的人、事、物体等实体在计算机逻辑中的映射。对象就像一个特殊的、自定义大小的变量。当各种尺寸和类型的数据需要整理在一起时,对象就能发挥作用。如学生学籍的对象包含图像(学生照片)、文本字符串(学生姓名、户籍地址、评语等)、数字(学生年龄、学籍号、成绩等)和数组(学生所有学科信息中的项目),如图 4-9 所示。

出生日期:	民族:
证件号码:	学校名称:
层次:	专业:
学制:	学历类别:
学习形式:	分院:
系(所、函授站):	班级:
学号:	入学日期:
离校日期:	学籍状态:

图 4-9

4.2　基础交互

项目情境

在迷宫游戏中，迷宫背景、冒险角色、干扰角色都是不可缺少的对象。怎样控制冒险角色的活动呢？

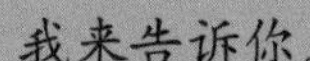

知识介绍

交互设计是定义、设计人造系统的行为的设计领域，它定义了两个或多个互动的个体之间交流的内容和结构，使其互相配合，共同达到某种目的。

人可以用眼睛、耳朵、手、鼻子和嘴巴感知世界，而在 Scratch 中，“侦测”控件可以帮助角色根据游戏做出反应，如图 4-10 所示。

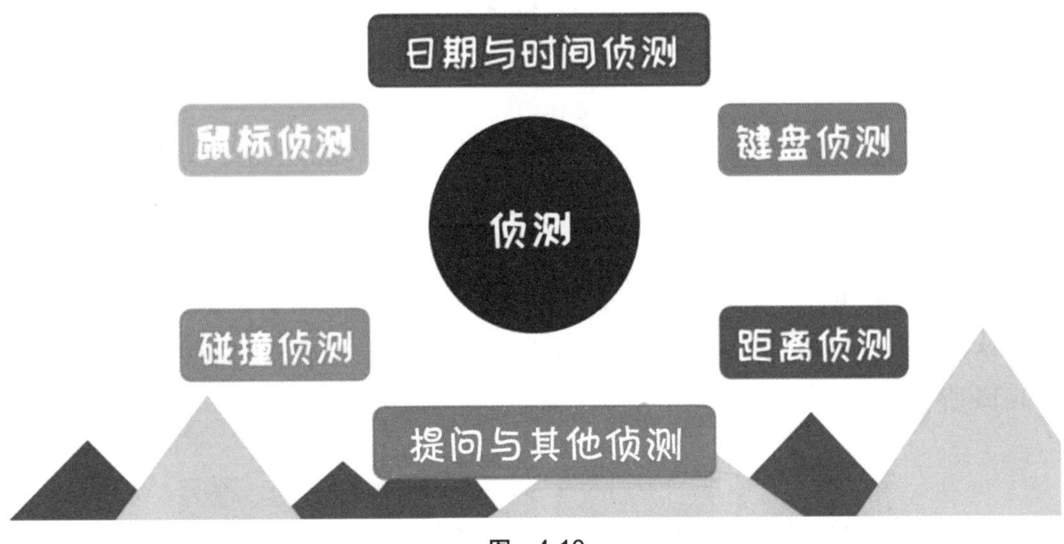

图　4-10

体验探索

上节课，我们创建了迷宫游戏的游戏对象。下面我们来制定游戏规则。我们要让小球从起点走到终点，就是要控制小球这个冒险角色的运动，如图 4-11 所示。

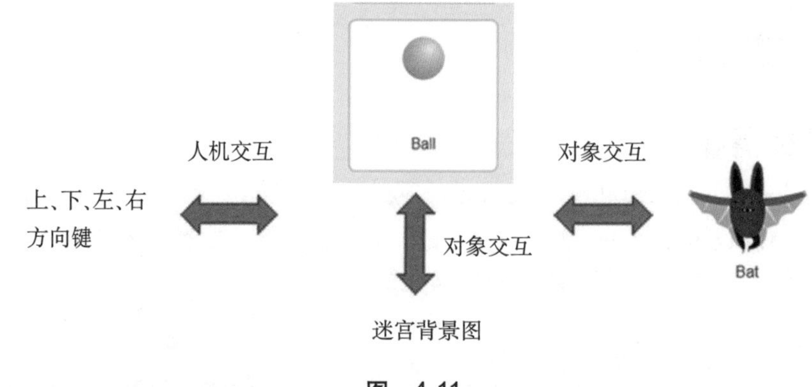

图 4-11

我想用键盘上的↑、↓、←、→键来控制冒险角色行不行?

行,我来帮你。

1. 按键控制

在这个游戏中,我们用↑、↓、←、→按键控制角色的移动。

第 1 步 :按↑键,角色做相应的运动。

图 4-12

在角色区中选中 Ball,选择“事件”模块中的“当按下空格键”控件,并修改为“当按下↑键”;选择“运动”模块中的“面向 90 方向”控件,并将方向修改为向上,即“面向 0 方向”;选择运动模块中的“移动 10 步控件”,组合拖动到“面向 0 方向”下,并修改参数为“5”,如图 4-12 所示。

第 2 步 :使用↓、←、→键控制角色。

仿照上面的程序,搭建按下↓、←、→键时的程序,注意修改角色对应的方向,如图 4-13 所示。

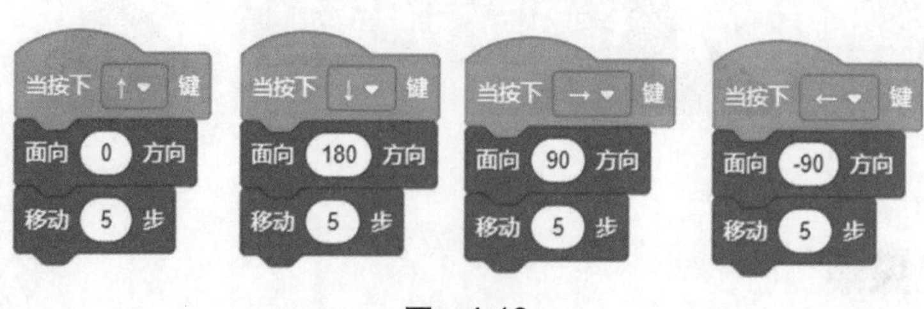

图 4-13

小球每次移动多少比较合适?

苏老师

在软件的扩展模块里，还可以和更多的硬件进行交互，如图 4-14 所示。

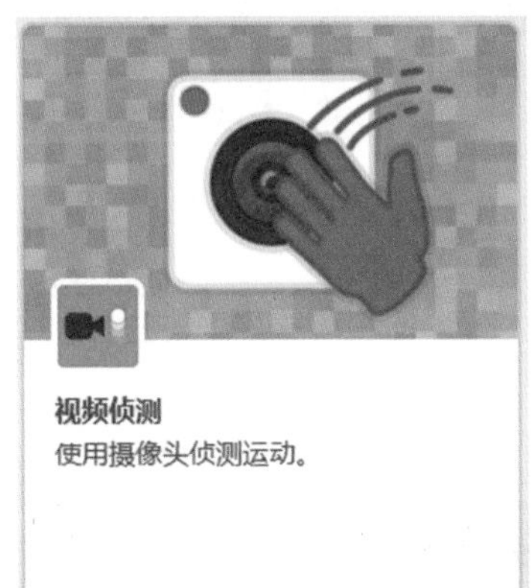

图　4-14

2. 程序控制

干扰角色在迷宫里往复运动，干扰冒险角色。

在角色区选中 Ball，选择运动模块中的“移动 10 步”控件，拖动到“当绿旗被点击”控件下，并修改参数为“5”。因为需要往复运动，所以“移动 5 步”需要放在控制模块中的“重复执行”控件内，如图 4-15 所示。

图　4-15

小清

我发现角色运动到右边的边缘就不动了，为什么？

因为角色已经运动到了舞台的边缘，就不会再继续运动了。

小华

苏老师

解决这个问题，需要用到一个特殊的控件，即运动模块中的“碰到边缘就反弹”，如图 4-16 所示。在 Scratch 中，角色的运动应该在碰到舞台的边缘时停止，这样做可以防止出错。

图 4-16

小清

我又发现了一个问题，角色在碰到边缘之后就倒过来了，怎么办呢？

因为角色的默认旋转模式是“任意旋转”，所以在碰到边缘后就会倒过来。

小华

选择“运动”模块中的“将旋转方式设为左右翻转”控件，拖动到“当绿旗被点击”控件的下面，修改角色的旋转模式，如图 4-17 所示。

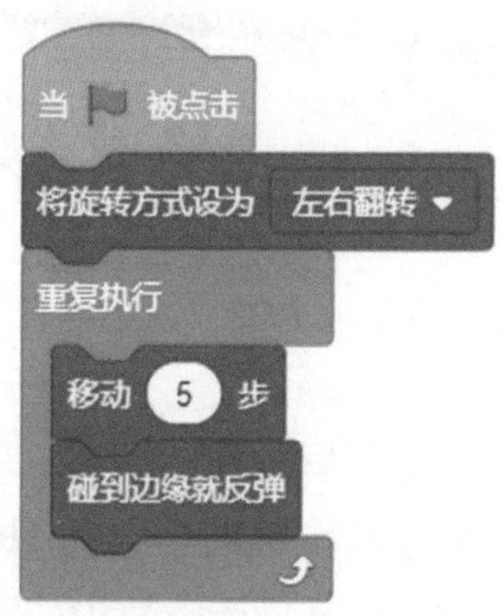

图 4-17

角色默认的旋转模式是“任意旋转”，可以通过控件 将旋转方式设为 左右翻转 ▾（✓左右翻转 / 不可旋转 / 任意旋转） 修改成“左右翻转”或“不可旋转”，还可以在角色的属性里进行修改，如图 4-18 所示。

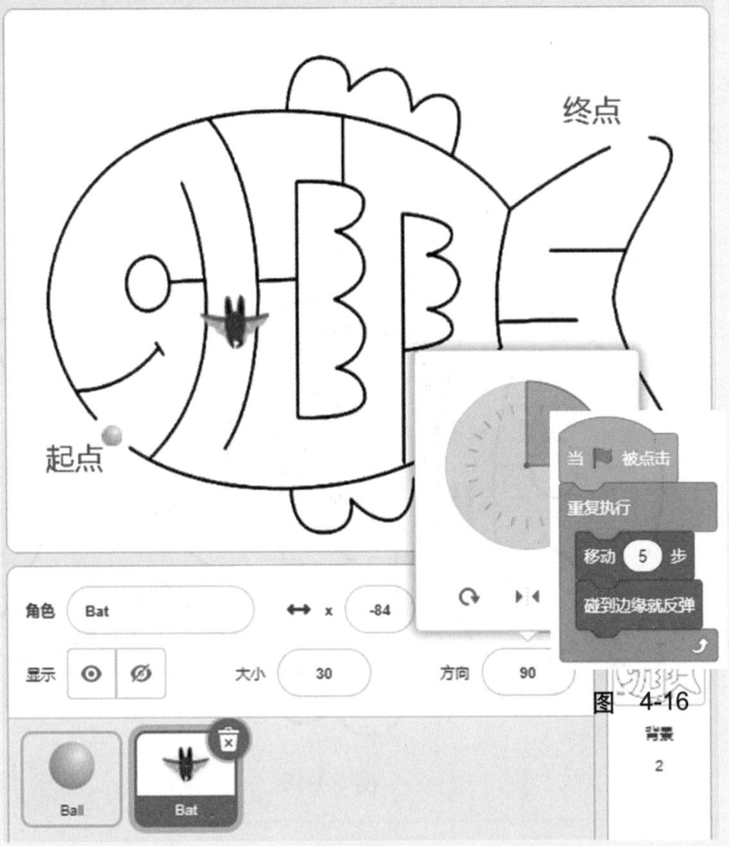

图　4-18

根据游戏规则，小球从起点走到终点会碰到蝙蝠，还会有什么干扰？

还会碰到迷宫的墙壁。

3. 对象交互

冒险角色与迷宫背景也会有交互。迷宫的墙壁是黑色的，可以通过侦测冒险角色是否碰到黑色来判断是否碰到墙壁。

第 1 步：侦测舞台。

将“侦测”模块中的“碰到颜色？”控件中的颜色修改为黑色，拖动到“控制”模块中的“如果……那么”控件中，然后全部拖动到“当绿旗被点击”控件下。

小贴士

“碰到颜色？”控件中侦测的颜色，可以通过颜色、饱和度、亮度调节来获取，也可以使用吸管工具到舞台中吸取想要侦测的颜色，这样获取的颜色比较准确，侦测也会更加准确，如图 4-19 所示。

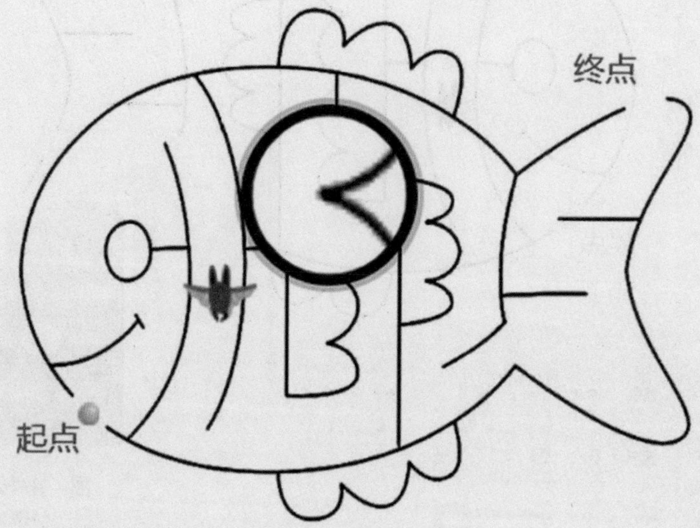

图 4-19

第 2 步：交互结果。

在角色区中选中 Ball，将“运动”模块中的“移到 x: –84 y: –28”控件和“声音”模块中的“播放声音 Pop”拖入“如果……那么”控件中，并选择合适的音效，然后全部拖动到“重复执行”控件里，如图 4-20 所示。

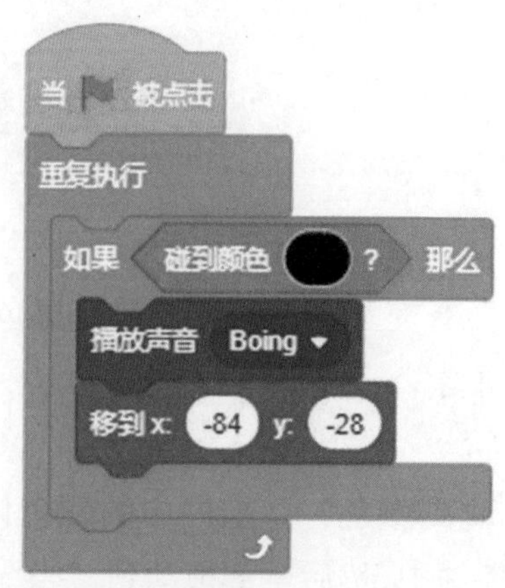

图 4-20

小贴士

“播放声音 Pop”控件中的声音可以通过“声音标签”从音乐库中选择合适的音乐进行更换，如图 4-21 所示。

图　4-21

小清：这个干扰我冒险的角色，怎样侦测？也是用颜色吗？

小华：这次不是用颜色侦测了，而是用角色的侦测。

第 3 步：侦测角色。

在角色区中选中 Ball，将侦测模块中的“碰到鼠标指针”控件修改为“碰到 Bat”，拖动到控制模块中的“如果……那么”控件中，一并拖动到“当绿旗被点击”下，如图 4-22 所示。

第 4 步：交互结果。

模仿第 2 步搭建程序，如图 4-23 所示。

图　4-22

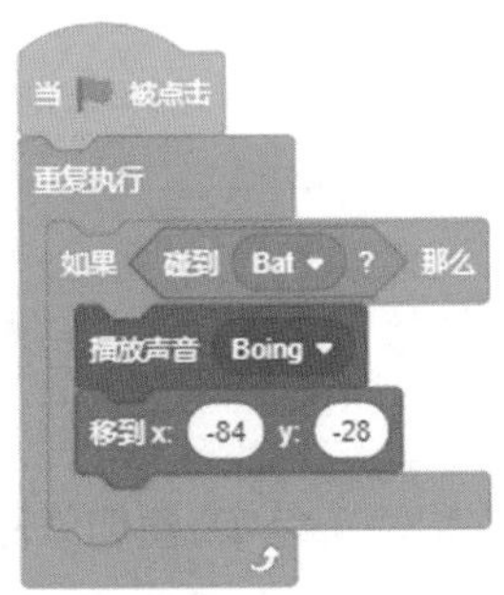

图　4-23

小贴士

干扰角色的颜色不是单一颜色，所以在侦测的时候应选择使用侦测角色，而不是侦测颜色。

小清：刚刚的迷宫冒险我一下子就通关了，我想增加一点难度。

小华：那我们一起来设计第二个关卡。

4. 设计第二关卡

完成第一关的冒险后会进入第二关。

第 1 步：增加迷宫背景。

在舞台中添加第二个迷宫冒险背景，并进行相应的调整，如图 4-24 所示。

图 4-24

小贴士

在冒险角色中，模仿冒险角色和舞台互动的方法，侦测冒险角色是否碰到终点的颜色并进行声音提示，从而判断是否进入第二个冒险背景。

小清　前面的干扰角色还在怎么办？

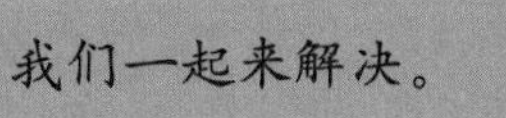

小华

第 2 步：隐藏干扰角色。

在角色区中选择冒险角色 Ball，将“外观”模块中的“换成‘迷宫背景图 2’背景”控件和“事件”模块中的“广播消息 1”拖入“如果……那么”控件中，并建立新广播，如图 4-25 所示。

在角色区中选择干扰角色 Bat，将“事件”模块中的“当接收到‘进入第二关’”控件拖出，将“外观”模块中的“隐藏”控件拖到其下方，并设计第二关的干扰角色，如图 4-26 所示。

图　4-25

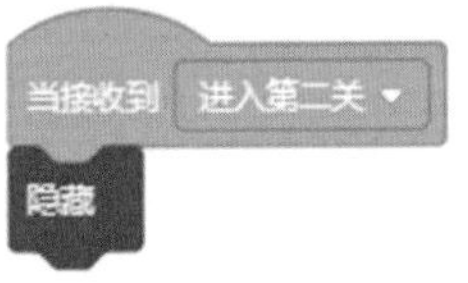

图　4-26

小清　我能不能限制游戏的时间？

能啊，我来帮你。

小华

第 3 步：时间限制。

在角色区中单击“绘制角色”按钮，进入绘制角色界面，选择文字工具，输入文字“游戏时间到”。

在角色区中选中“游戏时间到”，选择“变量”模块中的“建立一个变量”，并设置变量名为“倒计时”，同时给倒计时打钩，将倒计时显示在舞台上。选择“变量”模块中的“将倒计时增加 1”控件，修改参数为 –1，把“将倒计时设为 0”控件的参数修改为“60”，选择“控制”模块中的“重复执行 10 次”控件并修改重复执行参数为 60。选择“控制”模块中“等待 1 秒”控件和“变量”模块中的“显示变量倒计时”控件，然后将“将倒计时增加 –1”控件和“等待 1 秒”控件拖入“重复执行 60 次”中。最后拖动到“事件”模块中的“当接收到‘进入第二关’”控件下方，如图 4-27 所示。

小清：时间到了我还是能控制角色，并没有结束。

小华：我们一起来解决。

选择“控制”模块中的“停止‘全部脚本’”控件，将其拖动到最后，如图 4-28 所示。

图 4-27

图 4-28

变量只有增加，如果要减少就是增加 −1，相当于减少 1。

交流与分享

(1) 本节中你一共和几个对象进行了交互？

(2) 你还可以再设计一个干扰角色或者新的干扰方式吗？

(3) 本节你了解了哪些交互方法？

拓展阅读

1. 侦测模块

侦测是指检测舞台或角色的各个动作，侦测模块中的控件分为五大类，如表 4-2 所示。

表　4–2

控件名称	控　　件	功　　能
条件控件	碰到 鼠标指针 ？ 碰到颜色 ？ 颜色 碰到 ？ 按下 空格 键？ 按下鼠标？	这些控件不能单独使用，只能和“控制”模块中的判断语句或者运算符模块中的比较语句联合使用，返回两个值：Ture 或 False
用户互动输入控件	询问 What's your name? 并等待 回答	提示用户输入相应的数据，回车后询问结束，用户输入的答案在“回答”控件中可以得到。一般这两个控件配对使用
和坐标相关的控件	鼠标的x坐标 鼠标的y坐标	此类控件主要是检测鼠标的（x,y）坐标
和时间相关的控件	计时器归零 计时器 当前时间的 年 2000年至今的天数	使用计时器进行计时或者获取当前的年、月、日、时、分、秒等
变量控件	到 鼠标指针 的距离 舞台 的 backdrop # 用户名　响度	获取相关的一些变量的值

2. 生活中的交互

“小爱同学”是小米公司发布的首款人工智能（AI）音箱的唤醒词及二次元人物形象。智能语音交互是人工智能的分支，相当于语音助手，属于一款智能型的手机应用，通过智能对话与即时问答的智能交互，实现帮助用户解决问题的功能。

本节学习的控件如表 4-3 所示。

表 4-3

控　件	功　能
碰到边缘就反弹	控制角色碰到边缘就反弹
将旋转方式设为 左右翻转 ▾	设定角色的旋转方式
移到 x: -59 y: 162	让角色移动到指定的坐标位置
碰到颜色 ● ?	侦测是否碰到设定的颜色
碰到 鼠标指针 ▾ ?	侦测是否碰到指定的角色或对象
播放声音 Pop ▾ 等待播完	播放声音

4.3　扩展交互

项目情境

小清

有没有其他的方法控制冒险角色?

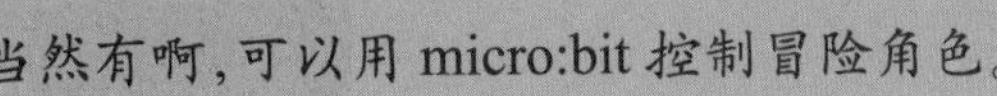

小华

知识介绍

1. 主控器

主控器是在一个智能控制或自动化控制系统内具有系统数据处理、网关通信连接和集中控制能力的中央控制设备。

micro:bit 是由英国 BBC 公司推出的面向青少年编程教育的微型主控器,如图 4-29 所示,别看它身材不大,但麻雀虽小,五脏俱全。

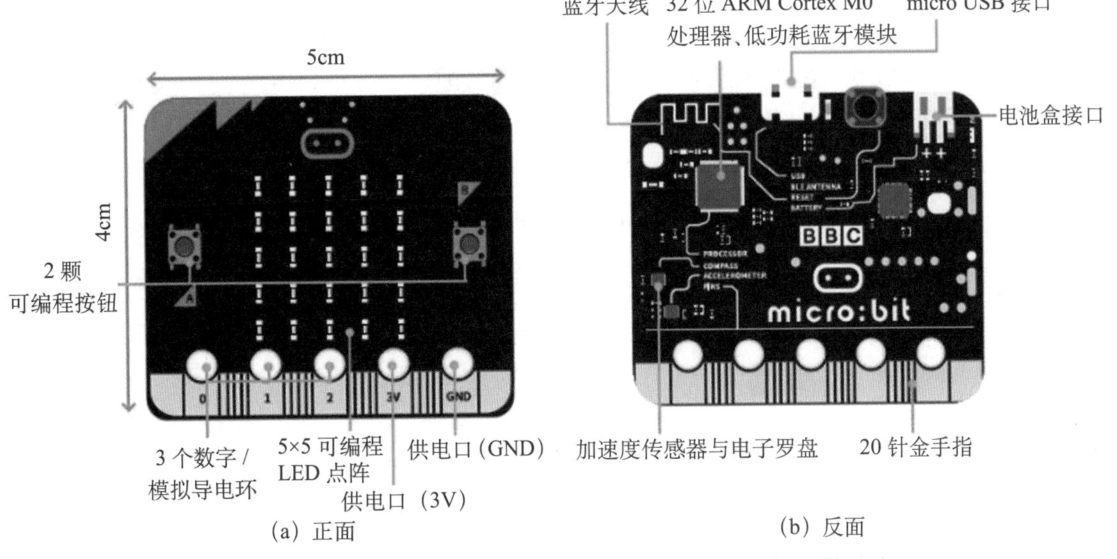

图　4-29

2. 传感器

传感器是一种检测装置,能感受到被测量的信息,并能将感受到的信息按一定规律变换成电信号或其他所需形式的信息输出,以满足信息的传输、处理、存储、显示、记录和控制等要求。

3. 加速度传感器

加速度传感器是一种能够测量加速度的传感器，可以利用牛顿第二定律获得加速度值。当 micro:bit 处于静止或匀速运动状态时，加速度传感器可以检测姿态变化时重力加速度在 x、y、z 轴上的变化，如图 4-30 所示，并在此基础上加以应用。

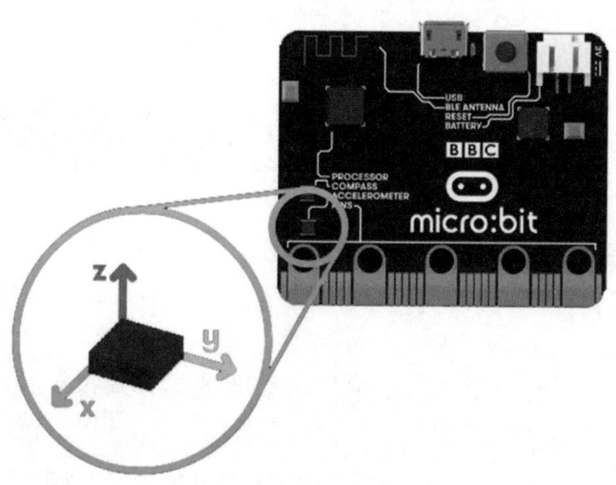

图 4-30

体验探索

利用 micro:bit 的加速度传感器控制冒险角色

第 1 步：连接 micro:bit 和 Scratch。

操作：打开“扩展”模块中的 micro:bit 模块，弹出 micro:bit 模块界面，单击“帮助”按钮，从 Scratch 网站上下载 Scratch Link 软件并安装，如图 4-31 所示，安装结束后启动软件 Scratch Link。

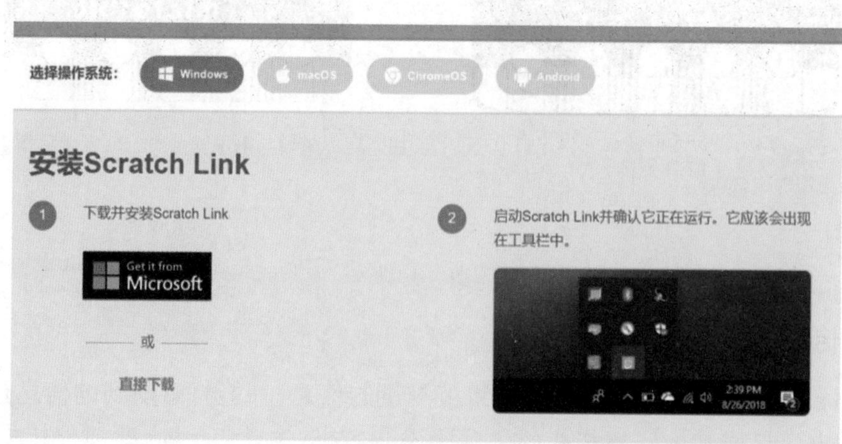

图 4-31

将计算机和 micro:bit 用 USB 数据线连接，下载 Scratch micro:bit HEX，将 HEX 文件拖到 micro:bit 上。

再次打开"扩展"模块中的 micro:bit 模块，单击"连接"，成功后出现"已连接"。

第 2 步：用 micro:bit 控制冒险角色运动。

选择 micro:bit 模块中的"当向任意倾斜"控件，修改参数为"前"；选择"运动"模块中的"面向 90 方向"控件，并修改为"面向 180 方向"；再选择"移动 10 步"控件，并修改参数为 2，一起拖到"当向'前'倾斜"控件下，如图 4-32 所示。

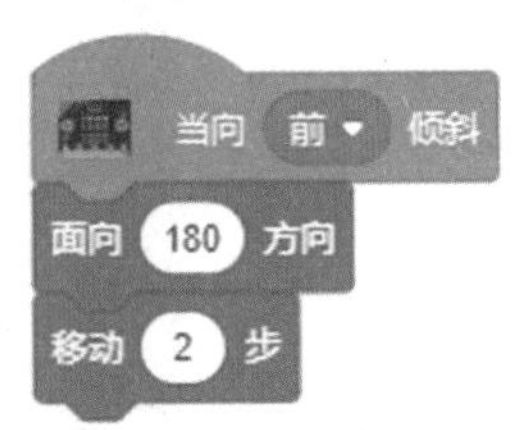

图　4-32

用同样的方法搭建当向其他 3 个方向倾斜时的程序，如图 4-33 所示。

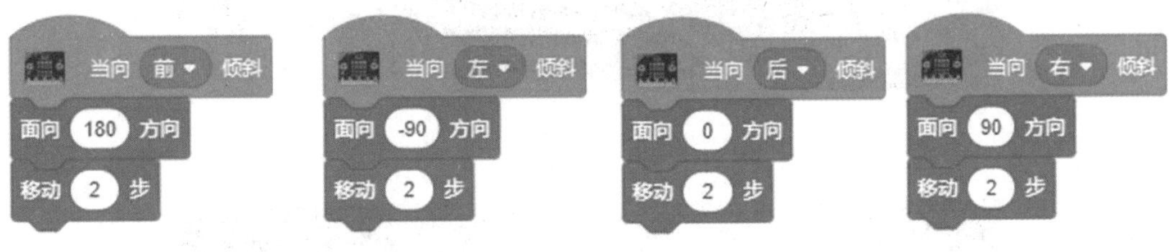

图　4-33

交流与分享

（1）你还想了解 micro:bit 的哪些应用？

（2）利用 micro:bit 还能进行怎样的交互？

拓展阅读

1. 自动驾驶

自动驾驶汽车依靠人工智能、视觉计算、雷达、监控装置和全球定位系统的协同合作，让计算机可以在没有任何人类主动操作的情况下，自动安全地操作机动车辆，如图 4-34 所示。

2. VR（虚拟现实）

虚拟现实是一场交互方式的新革命，人们正在实现由界面到空间的交互方式变迁（见图 4-35）。目前，VR 交互的输入方有"动作捕捉""触觉反馈""眼球追踪""肌电模拟""手势跟踪""方向追踪""语音交互"等。

图 4-34

图 4-35

本节学习的控件如表 4-4 所示。

表 4-4

控 件	功 能
当向 任意 ▾ 倾斜	当满足条件开始运行程序

4.4　设计游戏

项目情境

这个游戏挺好玩的，我希望能设计更复杂、更好玩一点儿的游戏。

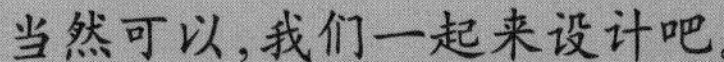

活动目标

在前面设计的基础上拓展思路，设计更多的游戏形式，尤其要在交互的方式上拓展思路，体验程序交互的乐趣和魅力。

活动准备

一起通过“小游戏”网站，更多地接触和了解各种形式游戏的玩法，在这个过程中设计自己的游戏。

活动过程

1. 分组

根据游戏制作的分工，确定每组的成员，确定每位成员的分工。

2. 设计游戏

讨论本组游戏的设计方案，填写表 4-5。

表　4–5

小组名称	
小组成员	
游戏类型	□角色扮演游戏 □动作游戏 □冒险游戏 □动作冒险游戏 □策略游戏 □模拟类角色扮演游戏 □即时战略游戏 □格斗游戏 □射击游戏 □益智游戏

续表

我们的设计	1．游戏名： 2．游戏描述： 3．设计图：

对本小组的作品进行评价，填写作品评价表（见表 4-6）。

表 4-6

作品名称：
小组成员：
使用说明：本评价表通过构思、美观、技术、创新四个评价要素对作品进行评估。总分为 100 分，每个维度占 25 分。采用 5 分制的评分标准，评价者根据评价标准对作品进行评分，5 分为最高，1 分为最低。作品所得总分 85 ~ 100 分为优秀，70 ~ 84 分为良好，60 ~ 69 分为一般，0 ~ 59 分为不够完善。

续表

评价要素	评 价 标 准	评价分数					合计
		5	4	3	2	1	
构思（25 分）	主题明确，作品完整，比如是一个有情节的故事，或者是一个完整的游戏等						
	文字、舞台背景、角色切合作品主题内容，配合适当，能够清晰地表达主题						
	文字、图片、声音等素材丰富						
	作品有趣且吸引人						
	作品运行时的操作有相应的说明						
美观（25 分）	界面布局合理，整体风格统一						
	色彩搭配协调，视觉效果好						
	文字颜色和大小搭配适宜，易于阅读						
	舞台背景和角色美观、清晰，易于查看						
	作品能反映出小组一定的审美能力						
技术（25 分）	作品运行稳定，没有出现明显的差错						
	脚本使用简洁，没有赘余						
	操作方便，易于控制						
	选用模块合理，不同内容的呈现及逻辑关系合理、清晰						
	作品与使用者之间有流畅的交互						
创新（25 分）	主题和表达形式新颖						
	内容创作注重原创性						
	构思巧妙，创意独特						
	软硬件交互设计合理，连入传感器或其他外接设备						
	作品能引人遐想、让人意犹未尽或能引起思考						
总　　分							

活动总结

（1）结合自己的学习与理解，建立本单元知识之间的联系，完成本单元的知识结构图。

（2）根据自己掌握的知识，填写知识能力评价表（见表 4-7）。

表 4-7

学习内容	掌握程度		
	达成	基本达成	未达成
能设置对象			
能使用侦测控件			
能根据不同对象选择侦测控件			
能了解或应用扩展互动